青少年心理品质丛书
主编：夏阳

追求卓越的个性

张俊红◎编著

新疆美术摄影出版社
新疆电子音像出版社

图书在版编目(CIP)数据

追求卓越的个性 / 张俊红编著. —— 乌鲁木齐：新疆美术摄影
出版社：新疆电子音像出版社, 2013.4
ISBN 978-7-5469-3888-2

Ⅰ.①追… Ⅱ.①张… Ⅲ.①个性心理学 – 青年读物
②个性心理学 – 少年读物 Ⅳ.①B848-49

中国版本图书馆 CIP 数据核字(2013)第 071379 号

追求卓越的个性　　主　编　夏　阳

编　　著	张俊红	
责任编辑	吴晓霞	
责任校对	李　瑞	
制　　作	乌鲁木齐标杆集印务有限公司	
出版发行	新疆美术摄影出版社	
	新疆电子音像出版社	
地　　址	乌鲁木齐市经济技术开发区科技园路 7 号	
邮　　编	830011	
印　　刷	北京新华印刷有限公司	
开　　本	787 mm×1 092 mm　　1/16	
印　　张	15.5	
字　　数	218 千字	
版　　次	2013 年 7 月第 1 版	
印　　次	2013 年 7 月第 1 次印刷	
书　　号	ISBN　978-7-5469-3888-2	
定　　价	46.50 元	

本社出版物均在淘宝网店：新疆旅游书店(http://xjdzyx.taobao.
com)有售，欢迎广大读者通过网上书店购买。

第一章　坚韧顽强的卓越个性 ················· （1）

挺住！成功源于坚持 ···················· （2）

锲而不舍才能成就卓越 ·················· （3）

足够坚强，才能做得卓越 ················ （4）

朝着一个目标坚韧努力 ·················· （7）

卓越人士从来都持之以恒 ················ （8）

给人生一个坚强的理由 ·················· （10）

成功属于坚持不懈追求梦想的人 ·········· （12）

卓越者须坦然面对成败得失 ·············· （15）

坚韧执著，永不言败的品格 ·············· （17）

坚定目标才是成功的起点 ················ （19）

坚持是成功不可缺少的条件 ·············· （22）

坚持一生做好一件事 ···················· （24）

有勇气在困难面前不断尝试 ·············· （28）

第二章　积极行动的卓越个性 ·············· （31）

卓越人士从来不墨守成规 ················ （32）

你的行动，决定你的价值 ················ （34）

只要积极去做就会成功 ·················· （36）

多一份热忱，成功在于积极主动 ·················· (39)

克服消极心态的束缚 ························· (42)

卓越者的最大特点是敢想敢做 ·················· (50)

一切成功都先从自己做起 ······················ (52)

只要争取一下就有可能成功 ···················· (55)

培养积极心态的八个步骤 ······················ (56)

第三章　开拓进取的卓越个性·················· (59)

卓越者总是超越自我的人 ······················ (60)

卓越人士善于摆脱自我限制 ···················· (62)

开创新思路，培养新"习惯" ·················· (65)

重用自己，终究必有大成 ······················ (67)

着眼于人们的心理需求 ························· (69)

激情能够使人产生信心和力量 ·················· (71)

用智慧战胜自我，实现超越 ···················· (72)

追求卓越是一种态度 ························· (74)

勤奋创造，实实在在付出心血 ·················· (77)

善于合作应该从自身做起 ······················ (79)

通过合作的方式完善自己 ······················ (84)

第四章　信念执著的卓越个性·················· (87)

谨记自己的人生使命 ························· (88)

不怕失败，始终如一地寻找机会 ················ (90)

改变成见，改写人生信条 ······················ (92)

建立明确固定的生活重心 ······················ (94)

做人要有远大的志向和目标 ···················· (97)

卓越人士善于调控心态 ························· (99)

坚定信念，战胜一切困难 ……………………………… （102）

坚定的信念是成功的种子 ……………………………… （105）

执著是成就卓越的指向标 ……………………………… （108）

坚定的信念总能创造奇迹 ……………………………… （109）

充满信念地寻找人生之路 ……………………………… （111）

拥有信念，就能拥有希望 ……………………………… （113）

对现在和未来怀着新的信心 …………………………… （114）

拥有信念，才能梦想成真 ……………………………… （118）

困境和挫折打不垮信念 ………………………………… （119）

第五章　注重细节的卓越个性 …………………… （123）

重视细节，细节决定成败 ……………………………… （124）

把细节功夫做到位 ……………………………………… （125）

从不经意的话中抓住机遇 ……………………………… （127）

追求卓越须从小事做起 ………………………………… （128）

伟大的发现常常由细节而始 …………………………… （131）

无视小错，往往会酿成大错 …………………………… （133）

把细节贯彻于事情始终 ………………………………… （135）

于细微处发现闪光的机会 ……………………………… （136）

把握细节，找到成功的希望 …………………………… （139）

重视微小信息才能获得好运 …………………………… （142）

伟大事业都是由细节汇集而成 ………………………… （144）

成大事应重视微不足道的机会 ………………………… （146）

在小事上认真，做大事才会卓越 ……………………… （148）

第六章　学习创新的卓越个性 …………………… （151）

知识决定命运，学习造就自己 ………………………… （152）

成功无止境，需要终生学习 ·························· （154）

在失意时迅速的调节自己 ·························· （156）

善于挖掘自我、实现自我 ·························· （158）

知识的储量决定了创新的能量 ·················· （161）

衡量自我，全身心营造自我 ······················ （162）

激发潜能，潜能是创造力的根基 ················ （165）

开发自己潜能的最佳方法 ·························· （168）

成功，必然是从创新入手 ·························· （172）

向着创造之路迈进 ································ （180）

第七章　诚实守信的卓越个性 ·············· （183）

诚实是做人的基本品质 ···························· （184）

诚实是一个人处世立身之本 ······················ （186）

诚实是一个人成功的源泉 ·························· （189）

诚信是事业和生命的根基 ·························· （190）

卓越者首先是一个诚实的人 ······················ （192）

信誉的品牌是靠人品打造的 ······················ （194）

诚信待人才是长久之计 ···························· （196）

诚实能赢得信任和尊重 ···························· （197）

付出诚心才能赢得人心 ···························· （198）

诚实者是不会吃亏的 ······························ （200）

信任是一种弥足珍贵的东西 ······················ （202）

守信就是你做人的本钱 ···························· （205）

养成一贯履行承诺的性格 ·························· （207）

第八章　善于沟通的卓越个性 ·············· （211）

卓越人士善于沟通 ································ （212）

学习别人长处的效应 ················· （213）

在沟通中赢得胜机 ··················· （216）

心灵沟通是心和心的深刻交流 ········· （218）

卓越人士身边没有陌生人 ············· （220）

爱是人们相互沟通的前提 ············· （222）

不要吝啬对别人的赞美 ··············· （223）

广结善缘，广交朋友，善处关系 ······· （227）

与别人交流时要换位思考 ············· （230）

良好沟通的六个秘诀 ················· （235）

如何指正别人的错误 ················· （238）

目

录

5

第一章　坚韧顽强的卓越个性

　　一个害怕失败、不具备坚韧性格的人，在生活和工作中很难获得成功，很难实现自己的理想。因为他们面对困难时，不知道怎样应对，自己给自己出了许多难题。而勇敢坚韧的人面对困难时就勇敢面对它，去战胜它。

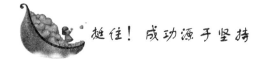
挺住！成功源于坚持

人的一生不可能一帆风顺，总会有一些坎坷和波折。世界上的人之所以有强弱之分，是因为有的人在面对困难的时候选择了低头，而有的人勇敢地站了起来。

1883 年，富有创造精神的工程师约翰·罗布林雄心勃勃地着手建造一座横跨曼哈顿和布鲁克林的桥。然而桥梁专家却说这计划纯属天方夜谭，不如趁早放弃。罗布林的儿子华盛顿是一个很有前途的工程师，也确信这座大桥可以建成。父子俩克服了种种困难，在构思大桥方案的同时说服了银行家们投资该项目。

然而在大桥开工几个月后，施工现场就发生了灾难性的事故。作为总工程师的罗布林在事故中不幸身亡，儿子华盛顿的大脑也在事故中受到了严重的伤害。当两名工程师都不能工作的时候，几乎所有的人都认定这项工程就此泡汤了，因为已经没有人能建造这座大桥了。

可是，尽管华盛顿在意外事故中丧失了活动和说话的能力，但是他的思维还与以往一样敏锐，他决心要把父子俩花费了巨大心血的大桥建成。他坚信在挫折面前总能找到办法。

一天，他脑子忽然一闪，他想自己虽然不能说话，但是却可以用他唯一能动的手指形成和别人交流的方式。他用那只手敲击她妻子的手臂，通过这种奇怪的方式把设计意图转达给仍然在建桥的工程师们。整整 13 年，华盛顿就这样用一根手指指挥工程，直到雄伟的布鲁克林大桥最终落成。

布鲁克林大桥可以说是建筑史上的一个奇迹。人仍除了赞叹大桥的雄伟壮观之外，更惊叹建筑师惊人的毅力，执著的追求，永远不放弃的坚定信念，还有那可贵的自信。永不言败是一种幸福，也是一种自豪。

有一位残疾的作家自豪地说："我的心脏没有放弃跳动，我就不

追求卓越的个性

会放弃生活。"他发表了许多作品，用自己的思想征服了读者。他用自己的成就证明了永不言败的意义。

当你想要放弃时，不妨想想，也许阳光就在转弯的不远处，如果此刻放弃就可能永远失去成功的希望。这时，要对自己说：挺住！成功源于坚持。

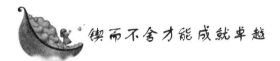

锲而不舍才能成就卓越

生活中，我们每个人都渴望成为卓越人士。但是，有的人只是将美好的意愿放在脑子里空想。殊不知，锲而不舍是成就卓越的不二法则，实现梦想需要付出艰辛的代价，需要朝着心中既定的目标锲而不舍地刻苦追求。

中华历史几千年，因执著专一而终成大器者大有人在，明代卓越的医药家李时珍就是其中的一位。

李时珍出生在一个世代行医的家庭，他父亲是当地很有名望的医生。父亲的熏陶为李时珍打下了良好的医学基础。然而，明朝科举盛行，医生的职业并不被看好，因此他父亲期盼自己的儿子能够科考题名，光宗耀祖。虽然李时珍14岁就考上了秀才，但他对科考并无兴趣，后来三次科考均未及第。从此，李时珍不再把心思放在自己并不喜欢的科举考试上，而是沉下心来钻研医学，决心在医学上有所建树。

经过长期的医疗实践，李时珍医治好了不少疑难杂症，积累了大量的诊治经验，年方而立便远近闻名。他33岁时，曾被楚王请去掌管王府的良医所，后又被推荐到京城太医院任职，但终因看不惯官场污秽，不久便托病辞职回家。

回到家乡后，李时珍觉得自己所读的大量医药著作中均有瑕疵，有的分类杂乱，有的内容不全，还有不少药物根本就没有记载。由此他突发奇想，觉得有必要对药物书籍进行整理和补充。这个念头一冒出来，就再也压不下去，成为他为之终生奋斗的目标。经过反复衡量后，他决心在宋代唐慎微编的《证类本草》的基础上，重新编著一本完善的药物学著作。

编著一本完善的药物著作，这事说起来不容易，做起来就更难。其时，李时珍已经是名医，仅凭医术就远近闻名，大可不必去做这件劳神费力的事情。可是李时珍不这么想，他认为这是造福天下的大事，虽然困难重重，但一定要做，且一定要做好。

为了编著这本医药著作，李时珍不辞劳苦，饱尝艰辛，足迹踏遍了河南、江西、江苏、安徽等地。每到一处，他都放下架子甘当小学生，虚心向当地药农和其他人请教。为了采集药物标本，收集民间验方，他有时钻进深山老林，有时亲临乡村草舍，每得到一味新药都如获至宝。为了弄清一些药物的性能和效用，他甚至不顾危险亲自品尝。他的执著，他为了医药事业的发展而献身的精神感动了许多人，大家都伸出热情的手，帮他搜集药方，有的人甚至把家里的祖传秘方也拿出来交给了他。经过如此艰辛的亲身实践，李时珍获得了许多书本上没有的知识，得到了很多药物标本和民间验方，为丰富《本草纲目》一书的内容打下了坚实的基础。

从35岁开始，李时珍动手编写《本草纲目》。在编写过程中，他参考了800多种书籍，经过三次大规模的修改，终于将药物学巨著——《本草纲目》写成，这期间整整经过了27年。他从一个35岁的年轻人写成了60多岁的老汉。

李时珍倾其一生的精力，编写了连西方人也赞誉为"东方医学巨典"的《本草纲目》，为后人留下了一笔宝贵的医学财富。他以坚毅执著、矢志不移的精神，用心专一、锲而不舍，朝着心中既定的目标奋进，终于到达了成功的彼岸，做成了自己最想做的大事而流芳千古。

足够坚强，才能做得卓越

只有你足够坚强，才能做得卓越。人生不可能都是一帆风顺的，当出现这样或者那样的困境时，提醒自己：困难和挫折并非坏事，它给我们提供的可能是一次考验，或者是一次机遇。只要我们能够勇于正视困难，战胜挫折，一切都会有转机。在困难和挫折面前勇于进取的人，收获的不仅是战胜逆境的硕果，更是锻造了自己坚强的人生。

50 岁的兰顿先生很不幸，他得了一种难以治愈的疾病——癌症。在疾病的折磨下，他的体重大幅下降，日渐消瘦，短短时间里，兰顿先生就瘦得脱形了，样子非常吓人，癌细胞不断扩散，使得他根本无法进食。

布恩医生是兰顿先生的主治医生，他告诉兰顿先生说，自己将会全力为他诊治，帮助他对抗癌症，战胜病魔。同时，每天会将治疗进度详细地告诉他，并向他讲清治疗的情形，及他肌体对治疗的反应，使他能充分了解自己的病情，并希望他可以很好地配合治疗。

说实话，就连布恩医生自己也不相信，癌症可以治愈，更何况兰顿先生这个病入膏肓的重症病人。他只好把希望寄托给上帝。

可是结果却完全出乎布恩医生的意料。因为兰顿先生对布恩医生的嘱咐完全配合，使得治疗过程进行得十分顺利。这个结果让布恩医生看到了希望，他开始教授兰顿先生采用一些心理疗法，让他充分运用自己的想象力，想象他体内的白血球大军如何与顽固的癌细胞对抗，经过艰苦对决，最后白细胞战胜了癌细胞的情景。

每天，兰顿先生按照布恩医生教导的方法进行想象，想象着自己战胜了这个可怕的对手——癌症。布恩医生带领治疗小组按部就班地对他进行治疗，两个星期后，检查发现兰顿先生体内的癌细胞数量减少了，果然抑制了癌细胞的破坏性，成功地战胜了癌症。这个结果简直让人不敢相信，出现这样杰出的治疗成果，就连布恩医生也感到十分惊讶。

"祝贺你，兰顿先生。"布恩先生对他的康复表示祝贺。

"谢谢你，布恩医生，谢谢你对我的治疗，包括你对我说的那句话。"兰顿先生接着说，"当我刚被确诊的时候，感觉这个世界已经对我关闭。我只能躺在床上，等待死神的光临。但是我想起了许多的事情，我还有爱我的家人和朋友，我的小孙女才会喊我爷爷……

所以我不能死，我要活着。"

"很高兴你能这么想，只有留恋这个世界，你才可以得到无穷的力量。"布恩先生说。

"是的，这个力量真是巨大啊！连死神都可以战胜。我一定会把这个秘诀告诉更多的人。"兰顿先生激动地说。

布恩医生运用的心理疗法，对兰顿先生战胜癌症恢复健康起到了非常大的作用。他说："事实上，你可以运用心灵的力量，来决定你的生或死。甚至，如果你选择活下去，你还可以决定要什么样的生命品质。对于癌症病人来说，克服对疾病的恐惧非常困难，活着的愿望能给他带来生活下去的希望，就需要不停地鼓励自己。最后，他成功了。"

癌症不同情弱者，眼泪只能加快死亡。泪水不能洗刷癌魔给生命带来的伤害。"信心是半个生命，淡漠是半个死亡。"有信心，才能激发拼搏精神，产生顽强的意志。保持坦然的心境、乐观的态度，才能挖掘自身的潜力而战胜一切困难。智者知道应该如何爱护自己：那就是振作起来，自己拯救自己，创造生命的奇迹，重新走进生命的绿洲。

现实生活中，我相信每个人心中都有自己的梦想，我们都渴望能够将它实现，可当困难出现在眼前时，有许多人一下子就妥协了，他们会想：我现在还年轻，来日方长，何必让自己碰一鼻子灰呢？他们把青春当作炫耀的资本，为自己的懦弱找借口，可是他们不知道这种懦弱会让自己错过什么。放弃奔跑，就错过了奔跑后大汗淋漓、全身舒畅的享受；放弃登山，就错过"一览众山小"的豪迈，放弃潜水，就错过了海水温柔的洗礼；放弃奋斗的机会，你就只能眼睁睁看着时间的流逝而后悔不已。没有顽强的意志力，人生就像在沙漠中失去罗盘，没有了方向；就像鸟儿失去了翅膀，永不能飞翔；就像水上浮萍，只能毫无目标地过完自己的一生。

站在新时代的起跑线上，我们要以顽强的意志，做草原上奔跑的骏马。

 朝着一个目标坚韧努力

有一所很有名望的大学里，当下正在热买的《拯救乳房》的作者毕淑敏正在演讲。从她演讲一开始就不断地有纸条递上来。纸条上提得最多的问题是——"人生有什么意义？请你务必说实话，因为我们已经听过太多言不由衷的假话了。"

她当众把这个条念出来了，念完这个纸条以后台下响起了掌声。她说："你们今天提出这个问题很好，我会讲真话。我在西藏阿里的雪山之上，面对着浩瀚的苍穹和壁立的冰川，如同一个茹毛饮血的原始人，反复地思索过这个问题。我相信，一个人在他年轻的时候，是会无数次地叩问自己——我的一生，到底要追索怎样的意义？

"我想了无数个晚上和白天，终于得到了一个答案。今天，在这里，我将非常负责地对你们说，我思索的结果是人生是没有任何意义的！"

这句话说完，全场出现了短暂的寂静，如同旷野。但是，紧接着就响起了暴风雨般的掌声。这可能是毕淑敏在演讲中获得的最热烈的掌声。在以前，她从来不相信有什么"暴风雨"般的掌声这种话，觉得那只是一个拙劣的比喻。但这一次，她相信了。她赶快用手做了一个"暂停"的手势，但掌声还是绵延了若干时间。

她接着又说："大家先不要忙着给我鼓掌，我的话还没有说完。我说人生是没有意义的，这不错，但是——我们每一个人要为自己确立一个意义！是的，关于人生意义的讨论，充斥在我们的周围。很多说法，由于熟悉和重复，已让我们——从熟视无睹滑到了厌烦。可是，这不是问题的真谛。真谛是，别人强加给你的意义，无论它多么正确，如果它不曾进入你的心理结构，它就永远是身外之物。比如我们从小就被家长灌输过人生意义的答案。在此后漫长的岁月里，谆谆告诫的老师和各种类型的教育，也都不断地向我们批发人生意义的补充版。但是有多少人把这种外在的框架，当成了自己内

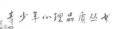

在的标杆，并为之下定了奋斗终身的决心？"

那一天结束讲演之后，所有听演讲的同学都有这样一种感觉，那就是：他们觉得最大的收获是听到一个活生生的中年人亲口说，人生是没有意义的，要你为之确立一个意义。

其实，不单是中国的年轻人在目标这个问题上飘忽不定，就是在美国的著名学府哈佛大学，有很多人在青年时代也大都未确立自己的目标。我看到一则材料，说某个哈佛的毕业生临出校门的时候，校方对他们做了一个有关人生目标的调查，结果有28%的人完全没有目标，61%的人目标模糊，7%的人有近期目标，只有4%的人有着清晰长远的目标。

二十多年过去了，那4%的人不懈地朝着一个目标坚韧努力，成了社会的精英，而其余的人，成就要相差很多。

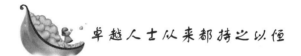

卓越人士从来都持之以恒

著名的推销大师即将告别他的推销生涯，应行业协会和社会各界的邀请，他将在该城中最大的体育馆做告别职业生涯的演说。

那天，会场座无虚席，人们在热切地、焦急地等待着那位当代最伟大的推销员做精彩的演讲。大幕徐徐拉开，舞台的正中央吊着一个巨大的铁球。为了这个铁球，台上搭起了高大的铁架。

一位老者在人们热烈的掌声中，走了出来，站在铁架的一边。他穿着一件红色的运动服，脚下是一双白色胶鞋。

人们惊奇地望着他，不知道他要做出什么举动。

这时两位工作人员抬着一个大铁锤放在老者的面前，主持人对观众说：请两位身体强壮的人，到台上来。好多年轻人站了起来，转眼间已有两名动作快的跑到台上。

老人告诉他们游戏规则，请他们用这个大铁锤去敲打那个吊着的铁球，直到它荡起来。

一个年轻人抢着拿起铁锤，拉开架势，抡起大锤，全力向那吊着的铁球砸去，一声震耳的响声后，那吊球动也不动。他就用大铁锤接二连三地砸向吊球，很快他就气喘吁吁。另一个人也不示弱，接过大铁锤把吊球打得叮咚响，可是铁球仍旧一动不动。

台下逐渐没了呐喊声，观众好像认定那是没用的，就看老人做出什么解释。

会场恢复平静后，老人从上衣口袋里掏出一个小锤，然后用小锤对着铁球"咚"敲了一下，然后停顿一下，再一次用小锤"咚"敲了一下。人们奇怪地看着。

10 分钟过去了，20 分钟过去了，会场早已开始骚动，有的人甚至叫骂起来，人们用各种声音和动作发泄着他们的不满。老人仍然一小锤一小锤地敲击着，好像根本没有听见人们在喊叫。人们开始怂然离去，会场上出现了大片大片的空座位。留下来的人终于累了，会场渐渐地安静下来。

当老人用小锤敲击到 40 分钟的时候，坐在前面的一个妇女突然尖叫一声："球动了!"霎时间，会场鸦雀无声，人们聚精会神地看着那个铁球。那球以很小的幅度摆动了起来，不仔细看就很难察觉。老人仍旧用小锤一下一下地敲着。大铁球在老人一锤一锤的敲打中越荡越高，它拉动着那个铁架子"哐、哐"作响，它的巨大威力强烈地震撼着在场的每一个人。终于场上爆发出一阵阵热烈的掌声，在掌声中，老人转过身来，慢慢地把那把小锤揣进兜里。

老人开口讲话了，他只说了一句话："在成功的道路上，如果你没有耐心去等待成功的到来，那么，你只好用一生的耐心去面对失败。"

卓越人士要像棋坛高手一样沉得住气。既然知道这是一盘永远也下不完的棋，那么就让我们耐心一些，耐心是成熟的一种标志。耐心最好的伙伴是信心和决心。人类的决心就像魔术师一样，你想要什么，就一定能得到什么。在有效付出的保障下，有决心和耐心的人一定会得到回报。

我们每个人都有自己的梦想，不管你的梦想是大是小，要实现它，都会遇到很多的困难和挫折。但是，如果你有战胜困难的耐心，有不达目的决不罢休的性格，最终你一定会收获成功，成为卓越人士。

9

 给人生一个坚强的理由

追求卓越的个性

现实中，很多人仅仅是为了活着而活着，他们说不出真正的人生理由。

如果你愿意碌碌无为地度过一生，你的人生只是为了活着而活着，那你没有人生理由也无可厚非。但是，如果你想要出人头地，你就需要有自己明确的理由，需要付出超出常人十倍、百倍的努力，否则你那只是空想，最终什么也不会得到。

成功的一生，需要一个坚强的理由。因为人生，没有毫无理由的成功，只有毫无理由的失败。

一个灵魂对上帝说："您派给我一个最好的形象，我将永远崇拜你。"

上帝仁慈地回答："好，你准备做人吧，这是世界上最好的形象。"

灵魂问："做人有风险吗?"

"有，激烈的竞争、成败、贫富，以及钩心斗角、残杀、诽谤、夭折、瘟疫……"

"另换一个吧?"

"那就做马吧!"

"做马有风险吗?"

"有，受鞭打、被宰杀……"

"唉，请再换一个吧。"

"老虎?"

"老虎! 老虎是兽中王，他一定没风险。"

"不，老虎也有风险，经常被人猎杀，濒临灭绝……"

"啊，上帝，我不想当动物了，植物总可以吧。"

10

"植物也有风险，树要遭砍伐，有毒的草被制成药物，无毒的草人兽食之……"

"啊，恕我斗胆，看来只有您上帝没风险了，我留下在你身边吧？"

上帝哼了一声："我也有风险，人世间难免有冤情，我也难免被人责问，时时不安……"说着，顺手扯过一张鼠皮，包裹了这个灵魂，将它推下界来："去吧，你做它正合适。"

从此，这个灵魂就变成了一只名字叫米兰多拉的老鼠。

米兰多拉坠入人间之后立即叫苦不迭，悔恨交加。这叫什么世界啊？黑漆漆一片，又脏又臭，一群令人恶心的小动物在腐烂的垃圾中蠕动，争抢着一块块烂菜叶子，臭哄哄的鱼骨……

它胃中翻腾，呕吐了起来，这时一只小老鼠走过来，问它："你是新来的，叫什么名字？"

"我叫米兰多拉。"它看看这个陌生的同类，问道"你们是什么？"

"哈哈，你连自己是什么都不知道？傻瓜！"小老鼠走开了。

这时，它才看清楚自己已经完全跟那些动物一模一样了。

它感觉到饥饿，可是看看那些臭东西，它宁愿饿死，也不想去吃。两三天以后，它饿得倒下了，奄奄一息。这时，那只小老鼠又出现了。

"你为什么不吃东西？"

"太恶心了！你们怎么能吃那腐烂发臭的东西？"

"为了活命啊！我们之所以生命顽强，千百年一直未被人类消灭，就是因为我们可以在任何一种恶劣的环境下生存。这是鼠类的骄傲啊！"

"我宁可饿死，也决不……"

"你以为饿死很英雄好汉吗？你也看到这里的竞争形势了，如果你失去了反抗能力，大家会把你当作食物活活吃掉的。"

"什么？吃我！"米兰多拉像遭了电击一样，跳了起来。

在小老鼠的引导下，它终于开始寻找东西吃了，开始吃得不多，时而呕吐，后来它渐渐变成了一只强壮的、无所不食的大老鼠，并成为这个脏水井里的鼠王。

"上帝是有道理的。"米兰多拉每每想到自己和上帝讨价还价时的情景，不无感慨地说，"对于一个什么都不敢去做的软弱灵魂，让它做一次老鼠之后，下次无论做牛、做马还是做人，都将是最优秀的！"

这不仅仅是一个童话，从某种意义上说，这就是残酷的现实。

适者生存，优胜劣汰。在这样的生存环境下，你必须给自己一个坚强的理由。

当年，拿破仑率领大军，拉着笨重的大炮以及小山一样的弹药、装备，穿越阿尔卑斯山时，在敌对的英国人和奥地利人那儿看来，是绝对不可能的。

也正是这种绝对不可能的条件下，法兰西大军如同天降，让敌人在目瞪口呆中溃败如山倒。

一个成功事业的获得者，必然是一位完美理想的实践者和信念守护者，无论遇到什么样的困难，陷入什么样的艰难境地，他都会坚强地站起来。他有一个坚强的理由：我必须成功，那是我唯一的出路。

生命力就是这样一个东西：当你将它闲置，它就会越发懒惰，巴不得永远安息才好；当你充分利用它时，它很少会出现令人不满意的状态，即使你将它调动至极限，它亦不会拒绝；特别是在你把事业的重任放到它的面前时，不必你去提醒，它便会极力地去表现自己。

朋友，只要你给自己一个理由，你的生命就会变得坚强。当你的人生有了一个坚强的理由，你就会所向披靡，走向卓越。

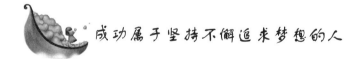

成功属于坚持不懈追求梦想的人

自古以来，成功就是大家都崇拜的东西，没有人不渴盼属于自己的那份成功。然而，人生的路有坦途，也有坎坷，走过的岁月，有欢笑，也有苦涩，泪水告诉我一个跌倒的故事，汗水使我多了一份沉重，几分成熟。理想毕竟不同于现实，失败是生活的一部分，谁也无法避免。人生要自己去拼搏，去奋斗，在风雨中百折不挠，勇往直前。流泪不是失落，徘徊不是迷惑，成功属于那些战胜失败、坚持不懈、勇于追求梦想的人。

坚持使那些意志坚定的人走向成功，它也无时无刻不在鼓励那些尚未成功或即将成功的人。有了坚持，成功就会离你越来越近，因为成功就是一个坚持的过程。在你信心不足时，在困难面前后退时，在失败之后哭泣时，你一定要咬紧牙关坚持下去。有了坚持，你会信心十足；有了坚持，你会勇往直前；有了坚持，你会获得最终的成功，正所谓"坚持就是胜利"。

比特就是个很好的例子。

从小到大，比特都远近闻名。因为他做什么事都比别的孩子慢半拍，同学讥笑他笨，老师说他不努力，就连亲戚朋友都觉得认识他这种孩子有点丢脸。虽然，那并不是他的错，因为无论他怎么试图去做好、去改变自己，但却从来也做不对。

就这样，直到比特上了九年级后，偶然之下，医生才发现他可能是身体状况不佳，就给他做了检查。诊断结果是比特患有动作障碍症。马上就高中毕业了，比特申请了 10 所最最一般的学校，心想怎么也会有一所学校录取他。可直到最后，他连一份通知书也没有收到。

后来，比特沮丧之余，发现了一份广告，上面写着："只要交来 250 美元，保证可以被一所大学录取。"结果他付了 250 美元，有一所大学真的给他寄来了录取通知书。看到这所大学的名字，比特即刻想起了几年前，一份报纸上写着有关这个大学的文章："这是一所没有不及格的学校，只要学生的爸爸有钱，没有不被录取的。"当时比特只有一个信念："我要用未来去证实这个错误的说法。"

在这个大学上了一年后，比特就转到另一所大学。大学毕业后，他进入了房地产行业。

22 岁时，他开了一家属于自己的房地产公司。此后的几年里，他在美国的 4 个州建造了近 1 万座公寓，拥有 900 家连锁店，资产数亿美元。后来，比特又进入到银行业，做起了大总裁。

大家都知道比特是一个笨孩子，那么，他是怎么走向成功的呢？下面是比特自己讲述的：

13

"第一，每个人都有自己最强的一项，有人会写，有人会算，对有些人难的，对另一些人却很简单、很容易。我想强调的是：一定要做最适合自己的事情，不要迎合别人的口味而去做一件不属于自我，但是又要付出巨大代价的难事。

第二，我非常幸运自己有如此谅解我、对我容忍又耐心的父母，如果有一个考题，别人只花 15 分钟，而我必须用两个小时完成的时候，我的父母从来不会因此而打击我。对于我的父母来说，只要自己的儿子尽力而为了，就是他们的目的。

第三，我从不跟自己的同班同学竞争，如果我的同学又高又大，跑得很快，而我又小又矮，为什么一定要跟他们比呢？知道自己在哪里可以停止，这非常重要。我也曾经问过自己千百次，为什么别人可以学习得轻松？为什么我永远回答不了问题？为什么我总要不及格？当知道自己的病症以后，我得到了专业人士的关爱和解释。理解自己和理解环境，非常重要。"

就这样，比特踏踏实实做事，老老实实做人，不虚浮夸张，不骄不躁，达到了属于自己的成功。

历史一次又一次地证明：要想获取成功，必须树立远大的理想和坚定的信念。这就如同走路，开始的时候，我们在信念旗帜的指导下，凭着一股冲劲，雄心万丈，希望无穷；然而，经过长途跋涉，筋疲力尽，信心便开始动摇，意志也渐渐松懈，就不免会对自己怀疑，对前途绝望。生活中往往就是因为遇到了困难和挫折后不能坚持到底，以致等不到成功的时日，享受不到成功的快乐。可见，成功在于坚持，胜利只属于最有毅力、坚持不懈的人。让我们向着自己确定的目标，继续前进吧！不论路途多么崎岖难行，不论身体多么困乏疲惫，我们也要勇敢地坚持下去。要坚信：坚持不懈，永不放弃的人总是会成功的。成功就像明天早晨的太阳一定会喷薄而出，光辉灿烂。

也许我们已经落后在起跑线上，但是决不能让自己输在终点，后天的勤奋可以弥补先天的不足，靠天才能做到的事，靠勤奋也能做到，靠天才做不到的事，靠勤奋也能做到。正如卡莱尔所说："天才就是无止境的刻苦，勤奋的能力！"

14

卓越者须坦然面对成败得失

人生在世不可能永远一帆风顺，总要经历或多或少的失败，才能到达成功的彼岸，年轻人的心理机制还不够成熟，所以在面对失败挫折的时候，容易止步不前，容易灰心丧气，要学会坦然面对成败，才能扬起人生的风帆。

历史上有很多关于成败的故事值得借鉴和学习。前秦王苻坚统一北方后，决定大举进攻东晋，他相信以他训练有素的60万步兵，50万骑兵，定能战胜东晋。于是，他亲自率领步兵60万、骑兵25万，命其弟苻融率骑兵25万为前锋，水陆并进，浩浩荡荡开往东晋，大军以惊人的速度占领了徐州、英城。

苻融的前锋又很快攻下了寿阳，东晋见势乱了阵脚，朝廷内部出现了混乱局面，大臣们各保其位，都不愿出战。正当晋孝武帝手足无措之时，将军谢玄请求出战。孝武帝大喜，马上命谢玄为前锋，都督徐、兖、青三州建造工事，全面迎击苻坚。

谢玄决定首先挫败前锋苻融军队的锐气，激发晋军的士气。于是，派骁勇的刘牢之率5000精兵直取洛涧；胡彬带领5000兵马前赴寿阳增援，自己与叔父谢石迎击苻坚大军。

将军刘牢之果然不负众望，在短时间内歼灭敌军18000人，缴获很多军械粮草，达到了打击苻融前锋军的目的。但增援寿阳的胡彬军就没有这样顺利了，他因寡不敌众而战败退守硖石，无奈给谢玄写求援信，哪知信并未被送到谢玄手中，半路被前秦军截获，苻坚以为东晋军大势已去，便毫无顾忌地亲率轻骑兵1万人马赴寿阳与苻融会合。同时还派降将朱序到东晋军营来劝谢玄投降，事实上，苻坚并不了解朱序，他是不得已而投降的，一直在寻找机会返回到晋军中去。

这样一来，正中他意，于是，他毫不迟疑地去了晋营，见到谢玄，便把苻坚的战略计划和盘托出，谢玄大喜，并授计于朱序：回

15

去后蛊惑人心，让秦军混乱，然后组织心向东晋的将士准备里应外合，在淝水西岸一举歼灭苻坚的大军。苻坚因求胜心切，并没有注意到军中的变化，更没有看穿谢玄的计谋，于是在谢玄再次组织进攻时，秦军因军心涣散，加上朱序的蛊惑，又有许多士兵倒戈，与谢玄的大军里应外合，苻坚再也控制不了局面，数万将士四散奔逃，投水而死者不计其数，其弟苻融被骁勇的晋军所杀，他自己也中箭单骑逃回洛阳。

由于苻坚的忘乎所以，大意轻敌，最后遭受了惨重的失败。年轻人也容易犯这样的错误，有时候本来可以争取到的东西，结果因为一时的疏忽大意而与成功失之交臂。

当然了，一时的成败并不能定格一个人的一生，美国股票大王贺希哈说："不要问我能赢多少，而是问我能输得起多少。"他从不唱高调，他认为输赢只是一时的，只有坦然地面对这一时的输赢，才能够成为一世的赢家。

贺希哈 17 岁开始创业，那时他身上只有不到 300 美元，只在股外市场做一名掮客。由于他好学又聪明，18 岁便赚了人生的第一桶金 16.8 万美元。他高兴地用这些钱买了一幢房子。但是，聪明人也有犯糊涂的时候，在一战休战时期，贺希哈以超低的价格买下了一家钢铁公司，谁知不久钢铁公司就倒闭了，他一下子赔得只剩 4000 美元。但是他没有因此失去斗志，他只当这些钱是交学费了，事实上他也真的从中得到了深刻的教训："绝对不能盲目地去买减价的东西。"

此后，贺希哈带着他的 4000 美元去做证券交易所买卖的股票生意，决心一定要在证券市场上出人头地，但由于没有那么多钱自己经营证券公司，他只能和人合资经营。常言道："有志者事竟成"，贺希哈在短短的一年内便开设了自己的证券公司。不久，他又做了股票掮客的经纪人，月盈利达到两万美元。

贺希哈人生的转折是在他经历了一次大冒险后，在淘金热的那个年代，安大略北方成立了一家普莱史顿金矿开采公司，在一次火灾中公司的设备全部被焚毁了，造成公司资金短缺，股票急剧下跌。就在这个时候，有人想到了思维敏捷的贺希哈，这个人是地质学家道格拉斯·雷德，他把这件事告诉贺希哈，贺希哈很快决定拿出2.5万美元做试采计划。短短几个月，便在离原来矿坑仅25英尺的地方挖到了黄金。贺希哈的这次冒险，给他带来了每年250万美元的净利润。

成功与失败是相互依存、相互转化的。贺希哈不计眼前输赢，敢于认输，最后终于反败为胜，成为笑到最后的胜利者。人生道路上，要懂得保持冷静，坦然面对成败得失，胜不骄，败不馁，才能百炼成钢。

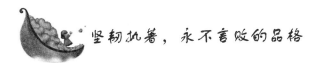

坚韧执著，永不言败的品格

"人类失去联想，世界将会怎样？"对于一个人、一个民族来说，如果没有梦想，世界将呈现怎样一种景象呢？真的不敢想象。

从孩提时代起，每个人都有梦想，有的想当文学家，有的想当歌星，有的想当飞行员，有的想当科学家……梦想没有高下之分，有梦的日子是快乐的，所以儿童便是世上最快乐的人。但是随着年龄的增长，生活变得越来越实际，人们为了自己不断提升的物欲，而给自己套上了枷锁。梦？连想想这个字眼都觉得奢侈。只有个别人在午夜失眠的时候，脑海中可能会闪现出儿时梦想的一些片断，但时过境迁，他们已不再为梦激动，不再以无梦为可惜。

梦想渐渐淡出了某些人的脑海。

但是总有那么一些人，他们儿时的梦想一直未曾泯灭。那个梦想如悬在夜空的一盏明灯，引导他一站一站地往前赶；如深埋在心间的一粒种子，一直在渴盼着有一天能生根发芽；如一句偈语、一个暗示、一种宿命，催促他加快脚步，向梦想靠近、靠近……正是这些人，这些不甘平庸、不知疲倦的追梦人，以他们的奋斗，让儿时的梦想成为了现实，以他们那另类的人生，博得世人的喝彩！

一个年轻人，从很小的时候起，他就有一个梦想，希望自己能够成为一名出色的赛车手。他在军队服役的时候，曾开过卡车，这

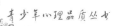

对他熟练驾驶技术起到了很大的决定作用。

退役之后，他选择到一家农场里开车。在工作之余，他仍一直坚持参加一支业余赛车队的技能训练。只要有机会遇到车赛，他都会想尽一切办法参加。因为得不到好的名次，所以他在赛车上的收入几乎为零，并使得他欠下一笔数目不小的债务。

那一年，他参加了威斯康星州的赛车比赛。当赛程进行到一半多的时候，他的赛车位列第三，很有希望在这次比赛中获得好名次。

突然，他前面那两辆赛车相撞，他迅速地转动赛车的方向盘，试图避开他们。但终究因为车速太快未能成功。结果，他撞到车道旁的墙壁上，赛车在燃烧中停了下来。当他被救出来时，手已经被烧伤，鼻子也面目全非了，体表受伤面积达40%。医生给他做了7个小时的手术之后，才使他从死神的手中挣脱出来。

经历这次事故，尽管他命保住了，可他的手却萎缩得像鸡爪一样。医生告诉他说："以后，你再也不能开车了。"

能活下来，就是上天对他的眷顾，不能开车了，可是还能呼吸，这已经是件值得庆幸的事了。可是，他却没有向命运屈服，为了实现那个久远的梦想，他决心再一次为成功付出代价。他接受了一系列植皮手术，为了恢复手指的灵活性，每天他都不停地练习用手的残余部分去抓木条，有时疼得浑身大汗淋漓，而他仍然坚持着。他始终坚信自己的能力。在做完最后一次手术之后，他回到了农场，用开推土机的办法使自己的手掌重新磨出老茧，并继续练习赛车。

仅仅是在9个月之后，他又重返赛场！他首先参加了一场公益性的赛车比赛，但没有获胜，因为他的车在中途意外地熄了火。不过，在随后的一次全程200千米的汽车比赛中，他取得了亚军的好成绩。

又过了两个月，仍是在上次发生意外事故的那个赛场上，他满怀信心地驾车驶入赛场。经过一番激烈的角逐，他最终赢得了250千米比赛的冠军。

他，就是美国颇具传奇色彩的伟大的赛车手——吉米·哈里波斯。当吉米第一次以冠军的姿态面对热情而疯狂的观众时，他流下了激动的眼泪。一些记者纷纷将他围住，并向他提出一个相同的问

追求卓越的个性

题："在遭受那次沉重的打击之后，是什么力量使你重新振作起来的呢？"

此时，吉米手中拿着一张此次比赛的招贴图片，上面是一辆赛车迎着朝阳飞驰。他没有回答，只是微笑着用黑色的水笔在图片的背后写上一句凝重的话：把失败写在背面，我相信自己一定能成功！

吉米·哈里波斯的坚韧、执著，永不言败的精神品格，让我们为之动容。为了实现心中那个从未泯灭的梦想，他忍受了常人难以忍受的痛苦，终于如凤凰涅盘，成为了一个让世人钦佩的胜利者。正视失败，并敢于挑战失败，使吉米·哈里波斯将命运掌握在了自己的手中；"把失败写在背面"，相信自己一定能成功！正是这一信念，使他成为生命的强者！

漫漫人生路，没有人是踏着一路鲜花，沐浴一路阳光走过来的，成功的背后往往布满了荆棘和激流险滩！人生路上难免会遇到挫折，如果因为一时的受挫就轻易地退出"战场"，如果因为害怕失败而丢掉前行的勇气，就永远不会实现心中的梦想！著名的心理学大师卡耐基经常提醒自己的一句箴言就是："我想赢，我一定能赢；结果我又赢了。"信念，是我们冲锋的战旗，是我们斩断荆棘的利剑，更是我们力量的源泉！不论在哪里蒙受失败，我们都要带着从容的态度，迈着坚实的步伐，去履行自己的人生誓言，去实现自身的价值。把失败写在背面，相信自己一定能成功！

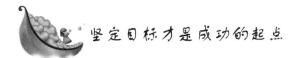

坚定目标才是成功的起点

生活可以没有许多东西，唯独有一样是不可能缺少的，那就是希望，它是一个人未来所在的方向。在任何时候、任何情况下，都不要让你心中的希望之火熄灭。没有了希望，也就没有了梦，没有了方向，伴随你的只能是失败。

人生需要规划，正如钱财需要打理。不懂规划者，不能明白"磨刀不误砍柴工"的道理。不知大家有没有听过这样一则管理寓

第一章 坚韧顽强的卓越个性

言：有个人经过一个建筑工地，问那里的石匠们在干什么？三个石匠分别作出了三种不同的回答。第一个石匠说："我在做养家糊口的事，混口饭吃。"第二个石匠说："我在做很棒的石匠工作。"第三个石匠则这么回答："我正在盖世界上最伟大的教堂。"这三个石匠，虽然做着一样的工作，人生的境界却不可同日而语。

每个人都有他自己的人生目标，有为权的，其毕生目标是"囊括四海"，"并吞八荒"；有为利的，终生目标是"封妻荫子，金银满箱"；有为名的，不惜"一将功成万骨枯"；有求财的，哪怕"人为财死，鸟为食亡"；也有为情爱的，上天入地死死生生觅知己。那么，我们应该怎么做呢？

关于未来发展方向，至少每个人都曾想过自己将来要干什么。尤其在我们的学生时代：科学家、思想家、军事家、医生、律师……因此，从一定的意义上来讲，永恒的梦想和信仰对人的影响有异曲同工之妙，你的梦想是你的精神寄托和强大的动力。如果你想成为卓越的领导者，想成就一番事业，你就不能没有梦想，不能不对自己的未来有所规划。

曾看过中央电视台《名人面对面》节目对李嘉诚的访谈。

李嘉诚说："一个真正做大事、有远见的人，是看世界的潮流，估计自己未来发展的方向。事在人为，不能有志无才，你可以夸口说你的志向是摘下天上的月亮，但你知道怎么摘下吗？所以我说事在人为，靠自己，靠意念，还要有新的知识及经验积累才能达到目的。"

的确，一个胸中有大志的人应该根据自己的长处、短处和自己了解的外界条件，尽早坚定自己未来的发展方向，并为此积极地做好准备。而不是误打误撞，打到什么做什么，撞到什么做什么。

1996 年，施薇 14 岁。这一年，她刚刚初中毕业，还是贪玩的年龄。但她与其他同学不同的是，这么小的年龄，她已经长到了 175 厘米的高个，在同学中像个小巨人。如何确定自己未来的发展方向呢？按理说，同学们都考高中，她也应该按照这条约定俗成的路子走下去。但是施薇有自己的主见，她觉得不能让自己的"身高资源"浪费了。她报考了南昌市第一职业学校模特表演与设计班。她后来的成就告诉我们，这不失为一个远见之举。

追求卓越的个性

1997 年，念到二年级的她得到消息：江西时装表演艺术团面向社会招生。她心里翻腾起来，去还是不去？去，学业没完成；不去，机会难得，一个人一生能遇到这样的机会不多。她把自己放在整个人生的过程中来考虑，是有远见的表现。经过反复思考，她觉得机会更重要，毅然决定放弃学业，报考时装表演艺术团。当时，那么有主见的她只有 15 岁。

随之而来的是艰苦的训练。同学受不了就哭，她不哭，她说必须得付出。她咬紧牙关挺着。1998 年去北京训练，准备参加第二年的"模特之星大赛"。阴错阳差，大赛没参加成，同学们还吃了不少苦，都打道回乡，她却留下了。她说：往远一点看，总会有机会。

果然，她的选择是正确的。偶然中，她参加了一次比赛，虽然因为特殊原因没能获奖，但是请她拍摄企业形象和电视广告的公司却找上门来。短短的几个月就有 6 家公司聘请她。又过了几个月之后，她又遇到了机会，她在一次比赛中摘取了"1999 最佳中国职业时装模特"的桂冠，接着，她成了名模。

一年之后，她看清了一个又一个模特比赛的内幕，就有了更好的主意。于是，施薇 17 岁时，用自己拼搏挣来的钱注册了模特培训公司——北京欧格美模特培训有限公司，开始了她的创业之路。2002 年，她 20 岁时，与澳大利亚澳联集团合作，在家乡建起了"施薇国际艺术学院"。

施薇放弃了墨守成规的路，还放弃了学业，那都是因为她清楚地明白自己的未来所在的位置。之前所有的一切，只是为她给自己定的将来的路所作的必要的牺牲。最终，她获得了成功。

在现实生活中，真正的有能力者似乎都是不为人们所接受的"另类"，因为他们所从事的事业很多都是平常人不能理解的，他们的远大目标在别人看来只是天方夜谭。于是，他们总会受到种种质疑和冷嘲热讽，甚至被看成是"异想天开的疯子"或"狂人"。但是，卓越者从来不会气馁，从来不会因为来自外界的压力而停止不前。相反，他们一旦认准了方向和目标，就没有什么可以阻挡他们奋勇前进，对任何不相关的东西他们都会充耳不闻、视而不见。当然，这一切的源头都是因为他们事先对自己有了更明确的规划。追求卓越会令你变得更强大，走得更远。所以只有坚定自己的目标才是成功的起点。

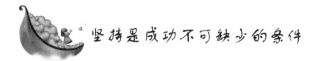

坚持是成功不可缺少的条件

笋儿在春的召唤下努力地冲破层层泥土的阻挠，最终成就了生命的绿；溪流在海的呼声中坚强地绕过千山万水的阻隔，最终成就了大海的魂；细沙在贝的召引下执著地包裹在贝分泌的白色黏液中，最终呈现珍珠的韵。因为笋儿、溪流、细沙都知道这么一个道理：坚持的昨天叫立足；坚持的今天叫进取；坚持的明天叫成功。

司马迁，在遭受了腐刑之后，发愤继续撰写《史记》，并且终于完成了这部光辉著作。他靠的是什么？坚持！要是他在遭受了腐刑以后就对自己失去信心，不坚持写《史记》，那么我们现在就再也看不到这本巨著。

巴顿和安东尼在茫茫的大戈壁滩上已经转悠了两天了，他们不得不承认：他们迷路了！

他们是从英国来的探险家，为了一窥戈壁滩的奥妙，他们备足行囊来到了这里。可现在的状况是，因长时间缺水，他们的嘴唇都裂开了一道道的血口子。如果继续下去，两个人只能活活渴死！

巴顿抬头看看四处一模一样的路，思索了一下，郑重地对安东尼说："我去找水，你在这里等着我！"他从同伴手中拿过空水壶，又从行囊中拿出一支手枪递给他说："这里有 6 颗子弹，每隔一个时辰你就放一枪，这样当我找到水后就不会迷失方向，可以循着枪声找到你。千万要记住！"

看着同伴点了点头，他才信心十足地蹒跚离去……

时间在悄悄地流逝，对安东尼来说，这种等待无疑是漫长的，他死死盯着表，计算着打枪的时间。一枪又一枪，终于，枪膛里只剩下最后一颗子弹了，可巴顿还没有踪影。是迷路了，还是遇上沙暴或盗贼了？或是找到水后撇下我一个人走了？安东尼猜测着，焦灼地等待着。饥渴和恐惧伴随着绝望如潮水般地涌来，他仿佛嗅到了死亡的味道，感到死神正面目狰狞地向他紧逼过来……

最后，他扣动扳机，将最后一粒子弹射进了自己的脑袋。

就在他的尸体轰然倒下不久，巴顿带着满满的两大壶水赶到了他的身边……

自古就有"持之以恒"这一说。还有句话，叫"世上无难事，只怕有心人"。没错，有些事情在做之前对于你来说确实很困难，但是只要你有恒心，坚持不懈地努力，早晚会有成功的一天。所以说"坚持就是胜利"。

英国前首相丘吉尔有一句座右铭："永不放弃"。河蚌正是因为忍受了沙粒的磨砺，坚持不懈，终于孕育出绝美的珍珠；钢铁忍受了烈火的冶炼，坚持不懈，终于成为锋利的宝剑。一切豪言与壮语皆是虚幻，唯有坚持才是踏向成功的基石。

听说过蜀鄙二僧的故事吗？说的是蜀地有两个和尚，一个富一个穷。一天，穷和尚对富和尚说："我要去海南，你看怎么样？"富和尚不屑地说："你凭啥去呀？"穷和尚说："我就凭一个钵，一个瓶子。"富和尚说："多年来我一直想租条船去，也没去成，你还能去？哼！"结果，一年以后，穷和尚从海南回来了，富和尚很惭愧。从蜀地到海南，中间有那么远的距离，穷和尚只用了一个盛饭的钵，一个装水的瓶就去了，而且安全地回来了。穷和尚会成功靠的就是一种坚持。

荀子说："骐骥一跃，不能十步，驽马十驾，功在不舍。"这也正充分地说明了坚持的重要性，骏马虽然比较强壮，腿力比较强健，然而它只跳一下，最多也不能超过10步；相反，一匹劣马虽然不如骏马强壮，然而若它能坚持不懈地拉车走10天，照样也能走得很远，它的成功在于走个不停，也就是坚持不懈。想成功吗？那就学会坚持吧！想胜利吗？那就学会坚持吧！

是坚持，让刘禹锡历经了"二十三年弃置身"的悲苦后，终成出淤泥而不染的清莲；是坚持，让苏子瞻身陷"乌台诗案"而坚持写出"老夫聊发少年狂"；是坚持，让柳永全然不顾衣带渐宽而留下了千古佳话。曹雪芹举家食粥坚持写下了不朽的《红楼梦》；欧阳修年幼丧父笃学成材；匡衡家境贫寒坚持凿壁借光，终成大学者。前贤们的经历向我们诉说了一个真理：坚持，是通向成功的不可缺少的条件。

现实生活中，人们总赞扬那些勇于拼搏、坚持到底的人，因为他们超越了自我，不畏艰辛，一路跋涉，最终获得了物质上或精神上的充实。而意志薄弱的人，遇到困难不能坚持下去就放弃，最终是一事无成，甚至会悔恨终身。

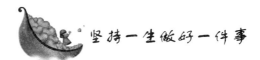 坚持一生做好一件事

一生做好一件事，这看似简单却非易事。的确，在人的一生中，也不是一帆风顺的，只有百折不回的人，才会有成功的命运。

韩国郑周永创建的"现代建筑"成为建筑业的霸主，并进军海外，占领了中东建筑市场；"现代造船"超过了日本同行们成为世界上最大的造船企业；"现代汽车"的产品奔驰在世界各地。郑周永被誉为"最有魅力的男人"、"亚洲最富"的企业家。

郑周永出生在朝鲜北部江原道通川郡一个贫苦农民家庭，祖辈世代务农，父母亲都是村里出名的勤劳人，除他以外，家里还有五个弟弟和一个妹妹。少年时代的郑周永曾就读于通川郡松田公立小学，小学毕业后，贫穷的家境再也不允许他继续念书了，郑周永只得回到家中同父亲一起，起早摸黑地在地里干活。然而，尽管全家人拼死拼活地干，仍然不能改变贫苦的命运。一年下来连基本口粮都无法保证。一天的劳动全靠早饭支撑，晚上只有稀粥来哄哄肚子。这种艰难贫穷的农村生活使得少年的郑周永难以忍受。他开始梦想了——要离开这毫无希望的穷山恶水，去寻找另一个属于他的新天地。于是，他向在镇上工作的几个同学求援，想让他们帮忙在镇上谋点事干。然而他的同学想不出什么办法，而他的"异想天开"还被固执的父亲骂了一顿，理由很简单：身为长子就应该留在家里传承祖业，老老实实地种田打粮，养家糊口。

郑周永并没有打消自己的念头，第二年春天，16 岁的郑周永在一个偶然的机会从报纸看看到北方的清津市正在修建港口和铁路。他马上意识到，修港口和铁路一定会需要大量的劳工。这或许是一次难得的机会，郑周永仿佛已感觉到了自己正处在隆隆的机器声中，成千上万的建筑工人来来往往地忙碌着，那里面当然也有他。

然而当他在一张破旧的地图上找到清津市时，心顿时冷了——清津市竟与通川相距 1000 多里。"再远我也要去！"郑周永下定了决心。他立即行动起来：先去找到最好的伙伴池周元，两人悄悄地靠卖柴积攒了 4 角 7 分钱。8 月的一天，他们拿着这仅有的路费，背着父母，溜出村子，向清津出发了。一路上他们风餐露宿，白天靠几分钱的食粮维持体力来赶路，晚上便空着肚子在背风处过夜。一路奔波，疲惫不堪的郑周永怎么也睡不着，他望着黑洞洞的天空，想起了贫穷的家乡，想起了爸爸妈妈和弟弟妹妹，想到父母会为儿子的失踪而感到焦急不安，他深感自己对不住父母双亲，伤心地哭了。郑周永狠狠地咬住自己的嘴唇：为了改变贫穷，为了能让全家人过上幸福美满的日子，我一定要出去，走到底！

经过几天的奔波，他们来到了高原市。当得知这里也有铁路工地，就决定先挣点路费再去清津。筑路的活比种田要累得多，一天从早干到晚，使他周身疼痛，浑身乏力。可一想到贫穷的家和茫茫的前程，他只得咬牙坚持下去。筑路工每月工资 4 角 5 分钱，除去饭费，一个月满勤也只有 1 角 5 分钱。转眼间两个月过去，中秋节快要到了。郑周永想让父母高兴一下，于是好不容易说服了工头，预先支点钱给家里寄去。正当他高兴地从工头棚里走出来时，突然一个熟悉的声音使他愣住了："周永！""爸爸！"父亲出乎意料地站在他面前。

原来，从他离家出走后，焦急万分的父母好不容易从卖报的那里得到一点线索，便一路找来，没想到在高原遇到了。就这样，郑周永便像个小俘虏一样被父亲带回了贫穷的小山沟。尽管郑周永是个在小山沟里土生土长的穷孩子，但少年时代特有的幻想和对未来的憧憬始终缠绕着他。他无法忍受这难耐的困境，他急需改变这一切；穷则思变，郑周永已经下定决心，无论阻力多大，他都要走出

25

这小山沟。

一次他看到连载小说《泥土》时，立即被主人公许崇吸引住了，他感到许崇能从山沟里独自进城，一边打工一边学习，而我郑周永为什么就不能出去闯一闯呢？于是，一个新的计划又在他的心里萌发了。第二年春天，他又联合了村里的另外两个小伙伴，在一天夜里，溜出村子，一口气跑了一百多里，朝汉城走去。然而，他又失败了，当他们一伙来到金化的一位亲属家时，又被一路追来的父亲"押"了回去。

回到家中，郑周永后悔不已，他总结了这次失败的原因是路费不足，再走一定要有充足的路费，再也不能去投亲靠友了。这年秋天，他狠下心干了一件对不起家人的事，把父亲的卖牛钱找到了。这次他变得聪明了，一不找伙伴，二不在晚间溜，以免引起父亲的注意。郑周永乘家里无人时，终于坐上了南下汉城的火车。一路上他看着窗外景色，心里浮想联翩。他此去汉城，主要目标是进牡丹会计学校速成班。这是这年夏天他在女朋友玉善家的旧报上看到的。学制6个月，毕业后学校安排工作，按当时的工资看，毕业后每月至少能挣30元，每年就有360元，去掉每年120元食宿费，还有240元剩钱，这样每年最低能买下24袋大米，这比他一家人一年打的粮食要多得多。他越想越高兴，相信等父母接到寄回的钱时，一定能原谅他所有的过错。

到汉城后，郑周永很快就办完了入学手续。由于已经开学3天，课程又讲得很快，郑周永不得不加倍努力，因为他知道，学校将来是按成绩分配工作的。正在他踌躇满志之际，意想不到的事又发生了。一天早上他匆匆忙忙往学校赶，走到校门口时，又与父亲撞个满怀，他的脸色顿时变得惨白。尽管郑周永向父亲说尽了好话，父亲还是流着老泪让儿子"快回家吧"。父亲的眼泪一下子把郑周永所幻想的一切全泡汤了。父子俩一前一后默默朝车站走去。其实做父亲的有谁不想让儿子出人头地呢？父亲三番五次地外出寻找儿子，不单是希望郑周永尽到长子的责任，主要是在父亲的眼里，他仍是孩子，父亲担心儿子一人在外会吃苦头，农村再穷再苦，一家人毕竟还可以平平安安过日子。看着伤心的儿子，父亲也觉得内疚。快到火车站时,父亲开口了:"孩子,你来汉城十多天了,没到别处去玩玩吗?""没有"。父亲心里一酸,领着儿子重新折回,来到动物园。他想让儿子开开眼界,以后恐怕再也没有机会了。父亲好不容易摸出 5 分钱,递给郑周永:"进去看看吧,我们坐晚车走,你好好玩玩,爸爸在外边等你。"父亲几句诚挚的话,使郑周永泪如雨下,他没有去动物园,而是挟着父亲回到了火车站。

1934 年,是郑周永记事以来最糟的一年,田里的庄稼几乎绝收。村里又流行着一种可怕的传染病。郑周永那强烈的愿望又复苏了,他无法轻易改变自己的决定。为了养家糊口,父亲再也不阻挡他了。这样,19 岁的郑周永第一次正式地告别了父母,直奔汉城,去寻找他向往已久、属于他自己的梦。

经过一番奔波和努力,他终于找到了一份满意的工作,在一家叫福兴商会的米行当一名发放员,月薪是 18 元。由于他的勤劳朴实,很快便赢得了店主人的喜欢和信任。在福兴商会工作的两年间,郑周永汇回家的工资所能买到的大米就有 18 袋之多,远远超过了一家人的全年收入。

然而由于店主的儿子不争气,米行不得不停业关闭。经过三年锻炼的郑周永,决定自己独立地干一番事业。于是他在原址继续从事米行生意,并充分利用了新建立的各种人际关系,很快便站稳了脚跟。不久他便打出了自己买卖的大号——京一商社。从此,郑周永便步入商界,在充满了险恶斗争与较量的商战中开始了新的搏击。郑周永决心从穷山沟里跑出来,不管阻力来自何方,也不管阻力有多大,他最终还是走了出来。如果他第一次出走后被父亲找了回来他便改变了决定,如果第二次出走失败后他改变了决定,如果第三次出走未成他改变了决定,那就不会有现在的郑周永,也就不会有令世人瞩目的"现代集团"。郑周永便是这种人,一经决定,便百折不回地去做到底。如果没有这种精神,郑周永一生的历史便只能从头改写。事实上,我们不管做什么事,不仅需要深思熟虑后的果敢决定,更需要有一种为实现自己的决定而做出无悔的、不懈的努力精神,没有这种精神,我们又何能成就大事?如此,我们必须明白一个道理:惟有百折不回者,才能抵达成功的彼岸。

 有勇气在困难面前不断尝试

每位想要成功的人都应该相信这样一个公式：成功＝尝试＋尝试＋再尝试。为什么？人一生会遇到很多问题，但是你是否遇到过这样的问题："如果去尝试，后果将会怎样？"这种想法本身就是与成功作对的一个敌人。这个成功的敌人总是让我们去想："如果我失败了，那怎么办？我去试过了，但没能成功会怎样？"这种想法会使你放弃努力。

有一位战胜了这个对手的人，他的故事一定会对你有所启发。那是1832年，当时他失业了，这显然使他很伤心，但他下决心要当政治家、当州议员，而糟糕的是他竞选失败了。在一年里接连遭受两次打击，这对他来说无疑是痛苦的。

他又开始着手自己开办企业，可一年不到，这家企业又倒闭了，在以后的17年间，他不得不为偿还企业倒闭时所欠的债务而到处奔波、历尽磨难。

当他再一次决定参加竞选州议员时，他成功了。他内心因此而萌发了一丝希望，认为自己的生活有了转机："可能我可以成功了！"1835年，他订婚了，但离结婚还差几个月的时候，他的未婚妻不幸去世。这对他精神上的打击实在太大了，他心力交瘁，数月卧床不起。在1838年他觉得身体状况良好时，决定竞选州议会议长，可他又失败了。1843年，他又参加了竞选美国国会议员，这次他仍然没有成功。要是你处在这种情况下会不会放弃努力？他虽然一次次地尝试，但却一次次地遭受失败：企业倒闭、情人去世、竞选失败。要是你碰到这一切，你会不会放弃——放弃这些对你来说很重要的事情？他没有放弃，他也没有说："要是失败会怎样？"1846年，他又一次参加竞选国会议员，最后终于当选了。

两年任期很快过去了，他决定要争取连任。他认为自己作为国会议员表现是出色的，相信选民会继续拥举他，但结果遗憾的是他落选了。

因为这次竞选他赔了一笔钱，所以在他申请当本州的土地官员时，州政府把他的申请退回来，上面指出："做本州的土地官员要求有卓越的才能和超常的智力，你的申请未能满足这些要求。"

接连又是两次失败，然而，他并没有服输，1854年，他竞选参议员，但失败了；两年后他竞选美国总统提名，结果被对手击败；又过了两年，他再一次竞选参议员，还是失败了。

这个人尝试了11次可只成功了2次。要是你处在他这种境地，你会不会早就放弃了呢？

这个在9次失败的基础上赢得2次成功的人便是亚伯拉罕·林肯，他一直在寻求不断的自我进步。而就在1860年，他当选为美国总统。

亚伯拉罕·林肯遇到过的敌人你我都曾遇到过。林肯面对困难没有退却、没有逃跑，他坚持着、奋斗着。他压根就没有想过要放弃尝试，他不愿放弃努力。就像你我一样，林肯也有自由选择权。他可以畏缩不前，不过他没有退却。你我也可以同样在困难面前不必退却逃跑。每当你遭受挫折时便放弃，不再努力了，那么你就绝不会胜利。失败者总是说："你要是尝试失败的话，就退却、停止、放弃、逃跑吧！你不过是个无名小辈。"千万不要听信这种劝言。拯救自己的人对此从来都不加理会，他们在失败时总会再去尝试。他们会对自己说："这是一条难以成功的道路，现在让我再从另外一条路上去尝试吧！"

克里蒙特·斯通曾告诉过我们一个成功的诀窍：每当你失败时，再去尝试，原谅自己的过失，用积极的人生观激励自己不断进步！

此外，在谈及不断尝试对成功的重要作用时，克里蒙特·斯通曾对其子女感叹道："我看到许多在年轻时极有才华的人，一生却一直都是默默无闻，而他们毫无建树的最大的原因是这些人在年轻时，不敢大胆尝试，以至于所有的才华都被埋没了。倘若这些人在年轻时，有人引导他们去尝试一些他们应该做的，却又不敢做的事，那么这些人的才华便能得以发挥，他们的生活将会变得更美好。所以，我希望你们在人生之路上无论遇到什么样的难题，都不要放弃继续尝试的机会！"

第一章　坚韧顽强的卓越个性

29

要想实现成功的目标，我们必须每天都有一个清晰的开端。每天早晨不要对自己说："我可能会在考验中失败，在工作中受挫。"不要这样想！你应该这样对自己说："今天我可以做好我力所能及的工作，昨天或者前天的失败并没有什么关系。今天是崭新的开端，让我再来尝试！"1955 年，美国"国际销售执行委员会"派遣 7 名代表前往亚太地区，克里蒙特·斯通是其中之一。11 月中旬的一个星期二，他在给澳洲墨尔本的一群商人演讲中讲了这样一个故事：麦克·莱特是吉弟卡片公司的老板，也是加拿大最年轻的企业家之一。他 6 岁时，某次参观完博物馆之后，就开始打算，看自己能不能画几幅画来卖钱。他母亲建议他把画印在卡片上出售。由于他有一些与众不同的构想，所以很快就走上了成功之路。莱特在他母亲的陪伴下，挨家挨户去敲门，言简意赅地说出要点："嗨！我是麦克·莱特，我只打扰一下，我画了一些卡片，请买几张好吗？这里有很多张，请挑选你喜欢的，随便给多少钱都可以。"他的卡片是手工绘在粉红色、绿色或白色的纸上，上面有一年四季的风景。莱特每周工作六七个小时，平均每张卖 7 角 5 分，一小时可以卖 25 张。

不久，莱特就发现自己需要帮手，他立刻请了 10 位员工，大都是小画家。他付给他们的费用是每张原作 2 角 5 分。后来由于把业务扩展到邮购，所以莱特越来越忙碌。第一年做生意，莱特已经成了媒体上的名人，他上过许多著名的新闻媒体，他的名字几乎是家喻户晓。

莱特有别出心裁的点子，不在乎自己的年龄，再加上母亲的鼓励，小小年纪就有了自己的事业。你是否也有别具创意的好点子？果真如此，你还等什么呢？

好点子不介意主人的年龄、性别、种族、宗教或肤色，也不在乎主人怎样运用它。只要你勇于将你的新点子付诸实施，保持积极进取的心态，你就一定会将其变成现实！

虽然我们有勇气在困难面前不断尝试，但是在我们面对自己的灵感时却可能感觉到一种胆怯。新点子找上我们之初，我们难免会有点害怕。也许它们显得太新奇、太不实际，而害怕自己的好点子必然会阻碍我们的进取。

第二章　积极行动的卓越个性

　　在卓越人士眼中，思想与行动同等重要。如果你每天都在想着做什么，而不付诸于实际行动，那只能是空想，永远也不会成功。

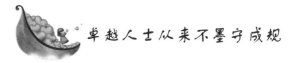

卓越人士从来不墨守成规

没有一个卓越人士是墨守成规的，他们无时不刻地在变，他们的变主要是心态。因为只有变化才有新的希望。

列夫·托尔斯泰说："大多数人想改造这个世界，但却极少有人想改造自己！"

人是社会系统的一员，是人类社会这个大结构中的一个要素。人的位置取决于人与社会的关系，这种关系又决定于人所处的状态。

人有很多状态，不同的状态带来不同的效果和不同的结果，同时也就决定了你与社会的关系，即确定了你的位置。

状态主要表现为生理状态、心理状态和行为状态。

当你调整状态，改变自己时，你与世界交换的物质、能量、信息必然发生变化，你与他人的关系就变了，你在社会生活中的位置就已经发生了变化。

比如你在生活中经常愁眉苦脸，这一定代表了你现在的位置和与世界的某种既定关系。如果你开始调整表情，诸事面带微笑。进行了这个调整之后，与社会交换的信息就改变了，你和周边的人际关系就发生了变化。

美国一些学者的研究结果表明，一种真正以友谊待人的态度，引起对方友谊反应的比率高达60%至90%。领导此项研究的博士说："爱产生爱，恨产生恨，这句话大致是不会错的。"

雨果的不朽名著《悲惨世界》里那个主人公冉·阿让，本是一个勤劳、正直、善良的人，但穷困潦倒，度日艰难。为了不让家人挨饿，迫于无奈，他偷了一个面包，被当场抓住，判定为"贼"，锒铛入狱。出狱后，到处找不到工作，饱受世俗的冷落与耻笑。从此，他真的成了一个贼，顺手牵羊，偷鸡摸狗。

警察一直都在追踪他，想方设法要拿到他犯罪的证据，把他再次送进监狱。他却一次又一次逃脱了。

在一个大风雪的夜晚，他饥寒交迫，昏倒在路上，被一个神父救起。神父把他带回教堂给吃给住，但他却在神父睡着后，把神父房里的所有银器席卷一空。因为他已认定自己是坏人，就应该干坏事。不想，在逃跑途中，被警察逮个正着，这次可谓人脏俱获。

当警察押着冉·阿让到教堂，让神父认定失窃物品时，冉阿·让绝望地想："完了，这一辈子只能在监狱里度过了！"

谁知神父却温和地对警察说："这些银器是我送给他的。他走得太急，还有一件更名贵的银烛台也忘了拿，我这就去取来。"冉阿·让的心灵受到了巨大的震撼。

警察走后，神父对冉·阿让说："过去的就让它过去，重新开始吧！"

从此，冉·阿让决心洗心革面，重新做人。他搬到一个新的地方，努力工作，积极上进。后来，他成功了，毕生都在救济穷人，做对社会有益的事情。这说明，你用什么样的心态对待别人，别人就用什么样的心态对待你。

你用什么样的心态对待生活，生活就怎样对待你。

战国时，梁国与楚国相临。两国夙有敌意，在边境上各设界亭（哨所）。两边的亭卒在各自的地界里都种了西瓜。梁国的亭卒勤劳，锄草浇水，瓜秧长势很好；楚国的亭卒懒惰，不锄不浇，瓜秧又瘦又弱。

人比人，气死人。楚亭的人觉得失了面子，在一天晚上，乘月黑风高，偷跑过去把梁亭的瓜秧全都扯断。梁亭的人第二天发现后，非常气愤，报告给县令宋就，说我们要以牙还牙，也过去把他们的瓜秧扯断！

宋就说："楚亭陶人这种行为当然不对。别人不对，我们再跟着学就更不对，那样未免太狭隘、太小气了。你们照我的吩咐去做，从今天开始，每晚去给他们的瓜秧浇水，让他们的瓜秧也长得好。而且，这样做一定不要让他们知道。"

梁亭的人听后觉得有理，就照办了。

楚亭的人发现自己的瓜秧长势一天比一天好起来，仔细观察，发现每天早上地都被人浇过，而且是梁亭的人在夜里悄悄为他们浇的。

楚国的县令听到亭卒的报告后，感到十分惭愧又十分敬佩，于是上报楚王。楚王深感梁国人修睦边邻的诚心，特备重礼送梁王以示歉意。结果这一对敌国成了友好邻邦。

卓越人士之所以成功，就是他们会变，不失时机地变。社会生活是客观发展的，任何人都不可能改变社会生活，但你可以改变你自己。改变自己，先要改变心态，惟有心态观念转变，你才有可能走向成功。

改变自己，实质就是改变自己对世界的看法。

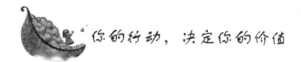

你的行动，决定你的价值

在卓越人士眼中，思想与行动同等重要。如果你每天都在想着做什么，而不付诸于实际行动，那只能是空想，永远也不会成功。

德谟斯特斯是古希腊的雄辩家，有人问他雄辩之术的首要是什么？

他说："行动。"

第二点呢？"行动。"

第三点呢？"仍然是行动。"

人有两种能力，思维能力和行动能力，没有达到自己的目标，往往不是因为思维能力，而是因为行动能力。

我们读过这样一则古文："蜀之鄙有二僧。"

在四川的偏远地区有两个和尚，其中一个贫穷，一个富有。

一天，穷和尚对富和尚说："我想到南海去，您看怎么样？"

富和尚说："你凭借什么去呢？"穷和尚说："我一个水瓶、一个饭钵就足够了。"富和尚说："我多年来就想买船沿着长江而下，现在还没做到呢，你凭什么去？"

第二年，穷和尚从南海归来，把去南海的事告诉富和尚，富和尚深感惭愧。

穷和尚与富和尚的故事说明一个简单的道理：光说不动是达不到目的的。

克雷洛夫说："现实是此岸，理想是彼岸，中间隔着湍急的河流，行动则是架在河上的桥梁。"行动才会产生结果。行动是成功的保证。任何伟大的目标，伟大的计划，最终必然落实到行动上。

拿破仑说："想得好是聪明，计划得好更聪明，做得好是最聪明又最好。"

成功开始于心态，成功要有明确的目标，这都没有错，但这只相当于给你的赛车加满了油，弄清了前进的方向和线路，要抵达目的地，还得把车开动起来，并保持足够的动力。

永远是你采取了多少行动让你更成功，而不是你知道多少。所有的知识必须化为行动。不管你现在决定做什么事，不管你设定了多少目标，你一定要立刻行动。惟有行动才能使你成功。

现在做，马上就做，是一切卓越人士必备的品格。

有一篇仅几百字的短文，几乎世界上主要的语言都把它翻译出来过。仅纽约中央车站就将它印了150万份，分送给路人。

日俄战争的时候，每一个俄国士兵都带着这篇短文。日军从俄军俘虏身上发现了它，相信这是一件法宝，就把它译成日文。于是在天皇的命令下，日本政府的每位公务员、军人和老百姓，都拥有这篇短文。

目前，这篇《把信带给加西亚》已被印了亿万份，在全世界广泛流传，这对有史以来的任何作者来说，都是无法打破的纪录。

"在一切有关古巴的事情中，有一个人最让我忘不了。当美西战争爆发后，美国必须立即跟西班牙反抗军首领加西亚取得联系。加西亚在古巴丛林的山里——没有人知道确切的地点，所以无法写信或打电话给他。但美国总统必须尽快与他合作。"

"怎么办呢？"

"有人对总统说：'有一个名叫罗文的人，有办法找到加西亚，也只有他才找得到。'"

"他们把罗文找来，交给他一封写给加西亚的信。关于那个叫罗文的人如何拿了信，把它装进一个油质袋子里，封好，吊在胸口，划着一艘小船，四天以后的一个夜里，在古巴上岸，消失于丛林中，接着在三个星期之后，从古巴岛的那一边出来，徒步走过一个危机四伏的国家，把那封信交给加西亚——这些细节都不是我想说明的。"

"要强调的重点是：麦金利总统把一封写给加西亚的信交给罗文，而罗文接过信之后，没有问题，没有条件，更没有抱怨，只有行动，积极、坚决的行动！"

"只有行动赋予生命以力量。"罗文为德谟斯特斯、克雷洛夫、拿破仑的话做了最好的注脚。人是自己行为的总和，是行动最终体现了人的价值。"

又据说，在美国一个小城的广场上，塑着一个老人的铜像。他既不是什么名人，也没有任何辉煌的业绩和惊人的举动。他只是该城一个餐馆端菜送水的普通服务员。但他对客人无微不至的服务，令人们永生难忘——他是一个聋子！

他一生从没有说过一句表白的话，也没有听过一句赞美之辞，他只能凭"行动"二字，使平凡的人生永垂不朽！

"只有你的行动，决定你的价值。"这就是卓越人士的秘诀。

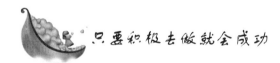

只要积极去做就会成功

卓越人士的成功，有些时候是不能与不为的关系。什么是不能与不为呢？

对于移泰山和折树枝的典故大概人们都清楚。孟子对此有精辟的解释，他认为我移不了泰山是真话，因为没有人能做得了这件事，这就叫"不能"；而我折不了树枝，则是假话，因为基本上成年人都能做得了这件事，而是不愿去做，这就叫"不为"。

当把"不能"与"不为"弄懂之后，就好办了，"不能"固然不可能，但"不为"则可以为，只是方法心态的问题。

我国汉代著名学者承宫出生在一个穷苦贫寒之家。父母一年辛劳忙碌，全家人只能勉强糊口，过着饥寒交迫的生活，终日挣扎在温饱线上。

承宫七岁那年该读书了，但他只能眼巴巴地望着左邻右舍的孩子欢天喜地进学堂，而他却不能，饭都吃不饱，父母哪来钱供他上学呢？

为这事，他不知偷偷哭过多少回。

不久，同村的学者徐子盛先生开办了一所乡村学堂。承宫每次路过学堂，只敢望几眼学堂大门，竖起耳朵偷听一会儿里面的读书声，然后就赶紧离开。渐渐地，承宫在学堂附近停留的时间越来越长，最后竟不由自主地来到学堂门口，偷听先生讲课，听学童读书。

终于有一天，徐子盛先生发现了他。当得知事情原由后，将小承宫领进了学堂。

从此，承宫就被收留在徐先生门下。他一边帮老师做杂活，一边随课听讲，并抓紧一切空余时间读书。他的学习成绩总是名列前茅。数年后，承宫读遍了先生的所有藏书，并写得一手好文章，远近闻名。

承宫最后成了一名在学术上有很深造诣的学者而名垂青史。

也许有人会说，承宫是小时候就发生了转变，如果已经成年，那现在还管用吗？有一句话叫"过去不等于未来"。其实，这句话是永恒的。一切都是重新做起，一切都还来得及。只是"为"与"不为"的问题，只要起步，永远都不算晚！成语"三日不见，刮目相看"便是一例。

吕蒙是三国时东吴将领，英勇善战。虽然深得周瑜、孙权器重，但吕蒙十五六岁即从军打仗，没读过什么书，也没什么学问。为此，鲁肃很看不起他，认为吕蒙不过草莽之辈，四肢发达头脑简单，不足与其谋事。吕蒙自认低人一等，也不爱读书，不思进取。

有一次，孙权派吕蒙去镇守一个重地，临行前嘱咐他说："你现在很年轻，应该多读些史书、兵书，懂的知识多了，才能不断进步。"

吕蒙一听，忙说："我带兵打仗忙得很，哪有时间学习呀！"

孙权听了批评他说："你这样就不对了。我主管国家大事，比你忙得多，可仍然抽出时间读书，收获很大。汉光武帝带兵打仗，在紧张艰苦的环境中，依然手不释卷，你为什么就不能刻苦读书呢？"

吕蒙听了孙权的话十分惭愧，从此后便开始发愤读书，利用军旅闲暇，遍读诗、书、史及兵法战策，如饥似渴。功夫不负苦心人，渐渐的，吕蒙官职不断升高，当上了偏将军，还做了寻阳令。周瑜死后，鲁肃代替周瑜驻防陆口。大军路过吕蒙驻地时，一谋士建议鲁肃说："吕将军功名日高，您不应怠慢他，最好去看看。"

鲁肃也想探个究竟，便去拜会吕蒙。

吕蒙设宴热情款待鲁肃。席间吕蒙请教鲁肃说："大都督受朝廷重托，驻防陆口，与关羽为邻，不知有何良谋以防不测，能否让晚辈长点见识？"

鲁肃随口应道："这事到时候再说嘛……"

吕蒙正色道："这样恐怕不行。当今吴蜀虽已联盟，但关羽如同熊虎，险恶异常，怎能没有预谋，做好准备呢？对此，晚辈我倒有些考虑，愿意奉献给您做个参考。"

吕蒙于是献上五条计策，见解独到精妙，全面深刻。

鲁肃听罢又惊又喜，立即起身走到吕蒙身旁，抚拍其背，赞叹道："真没想到，你的才智进步如此之快……我以前只知道你一介武夫，现在看来，你的学识也十分广博啊，远非昔日的'吴下阿蒙'了！"

吕蒙笑道："士别三日，当刮目相看。"

从此，鲁肃对吕蒙关爱有加，两人成了好朋友。吕蒙通过努力学习和实战，终成一代名将而享誉天下。

千百年来，"士别三日，当刮目相看"这句话，之所以成为一句成语，就说明人们对"不能与不为"的普遍认同，只要去做就会成功。不能与不为有着本质的区别，卓越人士面前没有不为。然而问题的关键在于是否能把这一观念真正用在自己身上。

 多一份热忱，成功在于积极主动

成功在于积极主动，卓越人士从来都是这样。大多数人只是坐等命运的安排或贵人相助，事实上，好工作都是靠自己争取而来的。试想，在一个团体里，任何人都别想推卸责任，别让别人替他设法收拾残局。即使年纪还小的孩子，也照样要求他们："自己想办法。"那会又是一番怎样的结果！

要求责任感并非贬抑，反而是一种肯定。主动是人的天性，尊重这种天性，至少可提供对方一面镜子，以便清晰且未扭曲地反映自我。

由于个人的成熟度不同，对尚处于情绪依赖阶段的人，不必期望太高。但至少可创造有利的气氛，逐渐培养他的责任感。

凡事采取主动的人必定是一名对自己事业的热忱者。热忱是一个人对所做事情的感觉和兴趣。没有热忱，肯定对自己所做的事情不会尽心尽责，不会精益求精。有些人正是因为过于冷漠，对工作缺乏认真，干到哪儿算到哪儿，因此不能赢得尊重，更谈不上让自己的事业蒸蒸日上了。拯救自己的人需要的不是冷漠，而是热忱。多一份热忱，就会多一份收获。

一个寒冷的晚上，25名青年男女涌进了纽约市宾夕尼亚体育馆的大舞厅。六点半，大厅内已座无虚席了，到了八点，大厅被挤得满满当当。这些人劳累了一天，他们晚上来这儿干什么？

有政治家演说吗？还是时装表演？

不是的。这些男人和女人前来是为了倾听最新、最实用的课程《有效地讲话并在工作中影响他人》的第一讲，这是由"戴尔·卡耐基言语技巧和人际关系协会"举办的课程。

与此同时，人们正在争相传阅戴尔·卡耐基的《影响力的本质》一书。

在其后的24年里，纽约市每天都要开设这些课程，听卡耐基演讲和接受该课程培训的人多达 15 万，甚至连威斯汀豪斯电气公司、麦道公司等一些保守的公司也派出管理人员接受培训。

有人问卡耐基，他是如何获得拯救自己的人的，他微笑着说："除了掌握了大量的知识和技巧以外，最重要的是我热爱我的听众。"

卡耐基表现了他的热忱。

热忱是发自内心的激情，如果一个人身上激情洋溢，那么他就是有吸引力的。

卡耐基的拯救自己的人来自热情的追求，卡耐基的课程也把热忱作为最基本的一课。他用他的热忱感染着他的学生。

卡耐基在课堂上比较喜欢这样一句名言："我愈老愈能感觉到热忱的感染力，拯救自己的人和失败的人在能力上差别并不大，但正是由于各方面条件相近，热忱就显得尤为重要了。热忱的人有信心和勇气去克服困难。"

卡耐基在他的备忘录中这样写道："我说的热忱，是一种内在的精神本质，它深入到人的内心，任何不是发自内心的热情，都是虚伪的表现……只要你充满了对别人的爱，你就会兴奋，你的眼睛，你的大脑，甚至你的灵魂都充满了激情，这种激情可以感染别人，鼓舞别人。"

卡耐基是这样说的，也是这样讲授他的课程的。

维利是一家公司的职员，虽然他是个精力充沛的人，却不能让人喜欢他。为此，维利非常苦恼，所以他来向卡耐基请教。

"卡耐基先生，我在演讲中也爱来点小幽默，虽然能引起听众发笑，却不能取得很好的效果，我该怎么做呢？"

"问题就在这里，"卡耐基深沉地说，"你应该表现出你的热忱，这样你就可以得到好的效果了。如果你做不到这一点，你的那些小笑话只能让人感到你很滑稽。不要再讲你的小笑话了，拿出你的真诚和热忱来，你会成为拯救自己的人的。真情比技巧更加管用，请记住这一点。"维利在以后的演讲中果然有了很大的进步和提高。

卡耐基把这件事当作一个很好的例子运用在了他的讲课当中，最后他总结道：

"记得维也纳著名心理学家阿尔弗雷德·艾德勒写了一本书，书名叫作《哪种生活对你最有意义》。其中有一段话给我的影响很深。请记住这几句话：

"不关心别人的人在生活中遇到的困难最大，给别人造成的伤害也最大，正是这种人导致了人类的种种失败。"

"你们大概不是很明白其中的道理。举几个例子来看吧。"

"西奥多·罗斯福是深受美国人民爱戴的总统，他获得了惊人的声誉。"

"即使在家里，他的仆人都很热爱他，他的贴身男仆安德烈向人们讲述了这样一个故事：'有一天，安德烈的妻子问罗斯福总统野鸭是什么样子，因为她一生都没离开过华盛顿，她没机会到野外去看野禽。罗斯福总统耐心地向她描述野鸭的模样和习性。安德烈和他的妻子住在一栋小房子里，离罗斯福总统的住处很近。第二天，安德烈房里的电话响了，电话那头传来了老罗斯福的声音，那声音告诉安德烈的妻子，他们房子外面的大片草地上就有只野鸭。安德烈的妻子看见了对面房屋窗户里罗斯福微笑的面庞'。"

卡耐基向他的听众微微一笑，继续道："像这样的人，人们又怎能不热爱他呢？"

"还有一次，塔夫脱总统夫妇外出时，老罗斯福拜访了白宫，他没有去客厅，也没有去接待室，而是去了厨房。他友好地向每个人打招呼：'嗨，桃瑞斯，最近很忙是吗？杰克，胃口还好吗？我想你是离不开酒瓶的，什么时候我们喝一杯。"

"就这样，他跟每个人都打了招呼，就像多年不见的老朋友一样。后来，在白宫服务了三十年的厨师史密斯含着热泪说：'罗斯福总统是那样热情，那样关心人，这怎能不让人感动呢？'"

"你看，这就是热忱的力量，这就是积极主动的力量。"

卡耐基是成功者，他的成功是多方面因素，但有一个最主要的原因就是他的热忱、主动、积极。在卓越人士的字典里，会经常看到这几个字。

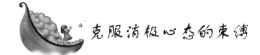克服消极心态的束缚

消极的心态常常妨碍人们形成进取之心，而一个人是否有进取之心决定了他选择什么样的目标，否则就会成为平庸之徒。因此，应该学会走出消极的心态！卓越人士就更应该克服消极心态的束缚。

我们必须面对这样一个奇怪的事实：在这个世界上，成功卓越者少，失败平庸者多。成功卓越者活得充实、自在、潇洒，失败平庸者过得空虚、艰难、猥琐。

生活中，失败平庸者多，主要是心态观念有问题。遇到困难，他们只是挑选容易的倒退之路。"我不干了，我还是退缩吧。"结果陷入失败的深渊。成功者遇到困难，怀着挑战的意识，用"我要！我能！""一定有办法"等积极的意念鼓励自己，便能想尽办法，不断前进，直至成功。爱迪生试验失败几千次，从不退缩，最终成功地发明了照亮世界的电灯。

卓越人士从成功中获得更多的信心，积极行动的积累，可以造就伟大的成功；消极言行的累积，足以让人万劫不复。

如果你想成就一番事业，必须明白以下问题：

1. 成功只在一念之间

仔细观察比较一下成功者与失败者的心态尤其是关键时候的心态，我们就会发现"一念之差"导致惊人的不同。

在推销员中，广泛流传着一个这样的故事：两个欧洲人到非洲去推销皮鞋。由于炎热，非洲人向来都是打赤脚。第一个推销员看到非洲人都打赤脚，立刻失望起来。"这些人都打赤脚，怎么会要我的鞋呢？"于是放弃努力，失败沮丧而回。另一个推销员看到非洲人都打赤脚，惊喜万分："这些人都没有皮鞋穿，这皮鞋市场大得很呢。"于是想方设法，引导非洲人购买皮鞋，结果发大财而回。

这就是一念之差导致的天壤之别。同样是非洲市场，同样面对打赤脚的非洲人，由于一念之差，一个人灰心失望，不战而败；而另一个人信心满怀，大获全胜。

要改变失败的命运，就要改变消极错误的心态。永远记住一念之差决定成败。

卡耐基曾讲过一个故事，对我们每个人都有启发：塞尔玛陪伴丈夫驻扎在一个沙漠的陆军基地里，她丈夫奉命到沙漠里去演习，她一人留在陆军的小铁皮房子里，天气热得受不了——在仙人掌的阴影下也是华氏一百二十五度。她没有人可谈天，只有墨西哥人和印第安人，而他们不会说英语。她太难过了，就写信给父母，说要丢开一切回家去。她父亲的回信只有两行，这两行信却永远留在她心中，完全改变了她的生活：两个人从牢中的铁窗望出去，一个看到泥土，一个却看到星星。

塞尔玛一再读这封信，觉得非常惭愧。她决定要在沙漠中找到星星。

塞尔玛开始和当地人交朋友，他们的反应使她非常惊奇，她对他们的纺织、陶器表示兴趣，他们就把最喜欢的，舍不得卖给观光客人的纺织品和陶器送给了她。塞尔玛研究那些引人入迷的仙人掌和各种沙漠植物，又学习有关土拨鼠的常识。她观看沙漠日落，还寻找海螺壳，这些海螺壳是几万年前，这沙漠还是海洋时留下的……原来难以忍受的环境变成了令她兴奋、留连忘返的奇景。

是什么使这位女士内心有了这么大的转变？

沙漠没有改变，印第安人也没有改变，但是这位女士的心态改变了。一念之差，使她把原先认为恶劣的情况变为一生中最有意义的冒险。她为发现新世界而兴奋不已，并为此写了一本书，以《快乐的城堡》为书名出版了。她从自己造的牢房里看出去，终于看到了星星。

成功最大的敌人就是我们自己的消极心态。这种心态常常把我们吓倒。要想成功卓越，必须牢固树立积极成功的心态，彻底清除消极失败的心态。

自卑症、借口症、恐惧和忧虑症是消极失败心态几种具体表现，其他消极失败心态的表现在悲观、压抑、偏见、固执、僵化，自我意识太强，过分追求十全十美，一蹴而就的心理，急躁、不讲方法的蛮干，冲动心理，畏难而退的心理，内疚悔恨，沮丧泄气，愤怒嫉恨……它真是太多了。

这些消极心态常常不请自入，光顾我们的头脑。它们像毒菌一样侵害我们的心灵。如果不加抵制，它们便会迅速繁殖扩散，使我们整个人生走向消极和失败。

长期受多种消极心态影响的人，几乎像得了癌症一样，由内而外，都表现出"我不能"、"我不行"、"我不要"等无能的绝症症状。

我们往往不知道，我们常常是消极心态的受害者。

那么，你可能会问为什么会有这么多消极心态呢？

问得好。你可以进一步问有没有对策对付这些消极心态呢？

当我们能较清醒地思考上面两个问题的时候，消极心态就开始害怕我们了，它要准备逃遁了。只要我们找出造成消极心态的原因，就不难找出对策。有了对策，消极心态就会被我们控制而不是控制我们，就会被我们清除消灭而不是侵害消灭我们。

让我们试着从消极心态形成的较普遍原因、相应对策与心理训练的角度，探讨控制和清除消极心态的问题。

由于种种的社会消极因素，极大地影响和干扰人们的思想心态，挫伤许多人的信心，使相当多的人滋生出种种的消极思想和心态，不少人以各种消极的心态来麻醉自己，麻醉他人。

2. 借口症的虚假和危害

社会中因各种借口造成的消极心态，就像瘟疫一样毒害着我们的灵魂，并且互相感染和影响，极大地阻碍着人们正常潜能的发挥，使许多人未老先衰，丧失斗志，消极处世。

然而，正像任何传染病都可以治疗一样，"借口症"这个心态病也是可以想办法克服的。办法之一就是用事实将借口的理由——驳倒，使它没有脸面、没有理由在我们心中立足。

我们来看看几个常见的借口是如何的荒谬。

许多大成功者，大都是在 30 至 60 岁的年龄阶段完成的。王光兴初任饮料厂厂长时已 40 岁，任罐头厂厂长时已 46 岁。北京天安制药集团总裁吕克键，49 岁才开始辞职创业。山东乳山百万富翁养蚶专家辛启泰，50 岁才从海边滩涂上寻找成功之路。四川"蚊帐大王杨百万"，66 岁才从摆小摊开始做生意。美国前总统里根 73 岁还参加竞选。

据拿破仑·希尔对 2500 人进行分析，反映出很少有人在 40 岁以前取得事业上的大成功。美国著名的汽车大王福特，40 岁还没有迈出成功的重要步伐。美国钢铁大王安德鲁·卡耐基在取得巨大成功之时，已过 40 岁。希尔本人出版第一本成功学著作时已是 45 岁，之后他为成功事业还工作奋斗了 42 年，当他 80 岁的时候还在出书。

当然，现代社会发展比较迅速，40 岁之前成功的例子已比比皆是（这也说明"我还年轻"的借口同样站不住脚）。由于个人的条件、目标、成功的内容和起始点不同，40 岁后成功的例子也仍然相当普遍。

年龄，决不能成为不成功的借口。

教育和文凭的借口——"我没有受过良好的教育。""我没有文凭。"这是不少人常用的借口。事实上学习知识的途径多种多样，学校教育、文凭教育，仅仅是千万条求知途径中的一种。其实，从学校的书本上学东西，常常有很大的局限性。真正的教育来自社会大学和自学。

我们看看那些成功人物的教育与文凭情况：王光兴，初中文凭；"果喜集团"总裁张果喜小学文凭；亿万富翁治秃专家赵章光高中文凭；美国钢铁大王安德鲁·卡耐基 13 岁开始工作，几乎没接受什么正规教育；美国石油大王洛克菲勒高中辍学；日本松下幸之助小学四年级的学历；香港富商李嘉诚初中两年的学历……这些成功者的知识与能力全靠自学而来。

受到良好的学校教育，当然对成功有帮助（可惜的是，有无数受到良好教育，获高等学历文凭的人同样平庸无所作为），没有受到良好的学校教育没有文凭的人，只要愿意，自学永远不晚。现在越来越多的成人补习教育和各种职业培训，为成人自学提供了广阔的天地。

资金借口——"我没有资金，所以我不能成功……"

事实是有资金可以帮助我们成功，但没有资金，只要想办法同

第二章 积极行动的卓越个性

45

样可以创业赚钱，同样可以成功。当代中国百万富翁、亿万富翁，几乎全是白手起家的。国外白手起家的富翁也到处可见。其实，资金来源途径很多：积少成多地积累，大雪球是从小雪球滚成的；向亲朋好友借钱集资；寻找一个能生财的门路；或抓住机会找银行贷款；或找有钱单位和个人合伙；集资入股……许多做大生意的人，都不是靠自己个人的资金，而是充分利用了银行、信用社以及社会闲散资金。

下面举一个利用大脑的聪明才智仅用2000元建起一座现代化的百货中心的故事。举一反三，触类旁通，读者不但也可以找出许多没有资金创大业的他人的例子来，而且还可以自己想出一两个没有资金也能创业赚钱的方案来。

广州华隆公司年轻的总裁卢俊雄是如何利用智慧，只用2000元便建起一座"城市百货中心"的呢？这座"中心"占地1400平方米，位于广州市商业闹市，有中央空调，扶手电梯，豪华装饰。建成这座现代化百货中心，至少也得有数百万，甚至上千万元的资金，2000元建起来，岂不是天方夜谭吗？其实这里的奥妙一揭便破：他将这座百货中心划分为220多个局部单位，（摊位）每个单位一次收10年租金5万元，每年退还其中的10%，还包括利息，另外每个单位每月收取比市价低三分之二的管理费。这样优惠的条件，使得这座待建的百货中心成为人们争相租赁的抢手货，220多个摊位二十几天便全部租出去，获得租金一千多万元，而卢俊雄只在报上花费2000元的招租广告费。

失败者大都喜欢找借口，成功者却大都拒绝找借口，向一切可以作为借口的原因或困难挑战。富兰克林·罗斯福因患小儿麻痹症而下身瘫痪，他是最有资格找借口的。可是他从来不找任何借口，而是以信心、勇气和顽强的意志向一切困难挑战，居然冲破美国传统束缚，连任四届美国总统。他以病残之躯在美国历史上，也在人类历史上写下了光辉灿烂的成功篇章。

此外，还有"运气"借口，"健康"借口，"出身"借口，"人际关系"借口等等。希尔在他的《思考致富》里将一位个性分析专家编的借口表列出来，竟然有五十多个。希尔说："找借口解释失败是全人类的习惯。这个习惯同人类历史一样源远流长，但对成功却是致命的破坏。"

3. 消除恐惧与忧虑

恐惧与忧虑，人人都或多或少有过，程度轻微，我们可能看不出它们的危害。实际上任何恐惧和忧虑都会侵蚀破坏我们的积极心态，妨碍我们的行为果断。只有当我们战胜恐惧，战胜忧虑，并利用它们为我们的成功服务时，恐惧和忧虑才会变害为利。比如我们担心失败，但我们有信心战胜恐惧与忧虑，我们做更大的努力，采取更细致妥善的规划、谋略和行动去争取成功，这样我们就控制了恐惧和忧虑。

不受控制的恐惧和忧虑对我们危害很大，它会扰乱我们的心理平衡，并导致某些生理问题，如忧郁、失眠、神经衰弱、阳萎等等。严重的恐惧和忧虑会使人理智混乱，产生严重的心理和生理病态。长期的恐惧和忧虑会使一个优秀的人变成一个平庸无能的失败者。

只有战胜恐惧和忧虑，我们才能平安、幸福、成功卓越。

面对恐惧我们应该如何做呢？请注意以下两点：

第一，"恐惧衍生于无知。"这是卡耐基引用一位大哲学家的话。这话可以帮助我们战胜恐惧和忧虑——你担心害怕什么，你就采取行动了解它。

看清它的本来面目，然后用行动击溃它，战而胜之。但是必须借助积极成功的心态来武装自己。我要战胜它！我能战胜它！我一定能战胜它！成功积极的心态使人坚强无比，可以克服任何恐惧。

初学跳水的人，站在高高的跳台上，一定会有某种程度的恐惧。如果你心怀积极成功的心态：我一定要成为一名优秀跳水运动员，我一定能战胜害怕，然后勇敢地采取行动：跳！你便战胜了恐惧。当你熟悉了跳水的整个过程后，你就再也不会为跳水而恐惧忧虑了。因为你知道了，原来跳水并不可怕。

第二，不要说"人言可畏"。人们常常害怕流言，不但忧虑而且恐惧。让我们来分析一下：

"人家会怎么说呀！""人言可畏！""众口铄金！""千夫所指，无疾而亡！"这些都似乎说明人的言论确实令人害怕，我们似乎只好

恐惧忧虑了。

流言为什么令人害怕呢？主要原因大概是流言可能会使我们失去面子、失去自尊，受到攻击、受到威胁等等。注意，这里是用"可能会"三字，事实上并非如此。

就我们内心来说，除非自己不相信自己，谁能不经我们同意就打倒我们呢？请仔细品味这句话的意思。流言大概有三种，一种是基于正确客观的，一种是以讹传讹的误会，一种是恶意的挑衅中伤，夸大事实的诽谤。后一种流言，其实反映了传播流言者的消极心态及虚弱和害怕。持积极心态的成功者是不会去中伤诽谤他人的。

不管哪种流言，其实都不可怕。林肯任美国总统期间，曾受到许多流言的攻击。如果害怕这些流言，他这个总统就不要当了。他是如何对待流言的呢？"如果结果证明我是对的，那么人家怎么说我，就无关紧要了，如果结果证明我是错的，那么即使花10倍的力气来说我是对的，也没有什么用了。""我尽我所知的最好办法去做——也尽我所能去做。而我将一直这样把事情做完。"

害怕流言毫无作用，惟有尽力去做，去行动，才是战胜流言恐惧的最佳办法。美国名将麦克阿瑟和英国首相邱吉尔都曾把林肯上述名言挂在办公室的墙上。

舌头长在别人嘴里，笔杆握在别人手上。别人爱怎么说，我们是无法控制的，但是，脑袋长在自己身上，我们可以控制我们自己的心态反应，可以控制我们的行为方式。按照自己的志向，努力提高素质，掌握人性的弱点和与人交往的技巧，战胜一切困难，争取成功卓越，这就是对一切流言的最好回答。

当流言影响我们成功怎么办？那就采取行动——策略指导下的行动。对流言最无价值的反应就是恐惧和忧虑。而恐惧和忧虑本身才真正伤害我们自己。

社会上有种现象很可笑：你无能，什么事都不做，人家要说你。你追求成功卓越，人家也要说你，甚至找岔子说你。从我们自身的利益来说，成功卓越会带给我们财富的幸福，既然流言始终存在，与其忍受人家说你无所事事，倒不如让人批评你追求成功。

流言不可怕，可怕的是我们自己不走自己的路。任何恐惧和忧

追求卓越的个性

虑都不能改变现实，只能给我们增添麻烦、压力和障碍。采取行动，恐惧和忧虑就会怕你。

4. 从消极情绪中跳出来

一个人从家庭到学校到社会，如果得不到正确的积极的成功心态教育，那这个人只好在社会大染缸里沉浮，听任命运与机遇的摆布，失去自我控制的能力。这样，消极的东西就很容易感染他。

长期生活在以消极失败心态为主的社会里的人，不管他阅历多么丰富，都难以摆脱消极心态的影响，很可能成为消极心态的带菌者和传播者："我的经历证明……不可能，不要白费功夫。""世道就这样，我们是不能改变的。"

长期没有或很少有成功经验的人，能力没有得到锻炼提高，因而对许多事情，包括对自己都认识不清，把握不住，也难免心生消极并传播开来。"太难了，我试过，不行。"一旦有人行了，难免心生嫉妒，产生消极心态，并表露播散开来。"那不过是机遇而已。"和这种人交往很容易感染消极心态。

经历过多失败，又没有找到正确客观的原因，也没得到合适的帮助指点，可能就会滑向消极："我说过，人是不能相信的。相信人你就倒霉。""努力有什么用？还是需要后台。我就努力过，可结果呢？"有这种想法的人，说明他已经被消极情绪控制了。这时他应当找到相应的对策，努力从里面挣脱出来。

下面是一些挣脱消极情绪的方法：

1. 认识到家庭、学校和社会的教育可能是不健全的，可能存在相当多的消极因素。应该依靠自己，提高分析辨别能力，择善而从之。教育与训练决不能被动地依靠家庭、学校和社会教育。

2. 提高辨别积极心态和消极心态的能力，关键在于多学习，观察成功卓越人物的思想，心态和行为方式以及他们的成功经历和成功技巧（本书是介绍成功人物和成功知识的书籍之一）。同时对照生活中的失败平庸者，观察思考他们的心态与行为，想想他们为什么会失败？把成功卓越人物与失败平庸者的心态进行对照比较，可使你洞察是非，增强抵制消极失败心态的能力。

3. 增加个人的成功体验，增强自信心。

第二章 积极行动的卓越个性

49

4. 只以成功者为榜样，不向失败者学习。尽可能选择具有积极氛围的环境，选择积极乐观的朋友。回避细菌感染，是保持健康心理的一个重要方法。

5. 你想改变消极环境，必须先提高自己，建立牢固的自信心。当今社会有一种好现象：大量青壮年农民离开落后贫穷的土地到沿海发达地区去打工。不少有志气的人经过几年打工训练，赚了钱，又学了本事，回到家乡办企业。先离开消极环境，救出自己，树立牢固的成功积极心态后，再去影响和改造那消极的环境，这也是落后地区社会进步的一条重要途径。

6. 对照成功的知识，接受成功训练，从小事开始，增加成功的实际体验，不断提高自己的能力和素质。

7. 进行提高自信心的训练，增强免疫消极心态的能力。

一个人若有消极思想作祟，内心就会沉寂畏缩，热情被压抑在心中，不再相信自己的能力，总是自怨自艾，这样的人怎么能成就一番事业呢？所以，我们必须认真审视自己，发现有消极情绪就努力消除它，充实自己的内心，发挥自身的精神力量。这样，你才能做成大事！

 卓越者的最大特点是敢想敢做

卓越人士的最大特点是敢想敢做，敢想可以使一个人的能力发挥到极度，也可逼得一个人献出一切，排除所有障碍。敢想使人全速前进而无后顾之忧。凡是能排除所有障碍的人，常常会屡建奇功或有意想不到的收获。不要抱怨自己的命运不好，行动就是力量。惟有行动才可以改变你的命运。十个空洞的幻想不如一个实际的行动。我们总是在憧憬，有计划而不去执行，其结果只能是一无所有。成功，一定是敢想，而且更是敢做。

无论是过去还是现在，许多卓越人士在工作中都是充满活力，他们以常人罕见的激情和热情投入工作，为自己执著追求的事业

追求卓越的个性

献身。

才能和本领只会属于那些辛勤工作的人，权力和荣耀也只会属于那些埋头苦干的人，那些无所事事的人总是无能之辈。正是那些十分勤劳和努力的人们在管理、统治这个世界。

英国著名政治家、历史学家克拉伦登在讲到英国国会领袖之一、税务专家汉普登时说："他是一个十分勤勉的人，即便最辛苦、最繁重的工作也压不倒他，他总是把最重的担子压在自己身上。他总是以常人难以想象的毅力去尽职尽责，懒惰、闲散在他身上都不见踪影。"面对极为繁重的工作，汉普登从不抱怨。有一次，他在给母亲的信中写道："我的生活就是辛勤工作。几年来，我一直尽力为国家、为国王恪尽职守，尽心尽力，不敢松懈……我无法来孝敬自己亲爱的父母亲，甚至连写一封信的时间都没有。"

在废除谷物法的运动中，英国政治家、下院议员科布登在给一个朋友的信中说自己"像一匹马一样，狂奔不已，没有片刻休息。"

爱尔维修甚至认为，正因为人们空虚、无聊，人们才变得无比残忍、缺乏人性。为了使自己逃避无聊和空虚，他总是积极地投入工作，把自己的身心都投入到人类进步事业中去。

多与各种各样的人接触，老老实实地干自己的事情，这只会激活人身上内在的活力，只会使人增长才干，更加热爱生活。无论在什么时候，人们都能在工作中找到乐趣，在工作中找到幸福。这是一条千古不变的原则。良好的工作习惯、严肃的工作态度、优良的品德和教养是一个人胜任自己工作的基本条件。

同样，受过严格科学训练的人往往都能干出辉煌的事业，他们中的许多人同样是一流的实业家。这种严格的科学训练包括勤奋的习惯、自觉遵守纪律的习惯、善于思考的习惯等等，这些都是一个成功的实业家所必备的素质。受过严格科学训练的人往往善于审时度势，因时、因地、因人而变，因此他们往往能眼观六路、耳听八方，凡事能先发制人，夺人先机。

受过严格训练的年轻人往往十分勤奋、专心，善于接受新知识，他们注重运用正确的方式、方法。因此，他们往往比没有受过专门训练的人更为敏捷，更具有智谋，更具有胆识。

51

蒙田曾指出："那些真正的哲人、圣者，如果他们在探求真理方面很伟大的话，他们在行动上也一定很伟大……无论举出什么样的证据和例子，我们都可以看出，他们的精神是那样崇高，他们的心灵是那样充实，他们的灵魂是那样高洁，他们就像是知识的海洋……这些哲人、智者高高地在太空中遨游。"

同时，我们一定要认识到，死死地固守书本，整天苦思冥想，年久月长，形成了爱想象的习惯，这样的人在现实生活中反而会十分被动。因为他不能适应生活、没有生活能力。善于思考、会做学问是一回事，会生活、会处理实际生活问题又是一回事。

那种认为会读书、有知识就自然会生活、自然是驾驭世事的能手，这样的观点是错误的。许多人静坐书斋，洋洋万言信手拈来，但他们提出来的观点在现实生活中根本就行不通。书本与生活是有距离的，只有把二者有机地结合起来的人才是有用之人。

思想家们往往遇事都深思熟虑，而实践家遇事总是先试、先干。这两种人在实际生活中表现出来的风格真是迥然不同：善于思考的人总是显得优柔寡断，因为他们总是习惯于考虑事情的方方面面、仔细权衡利弊得失、思考问题的前因后果；而那些实践家根本不会去这样思考，他们不会去从事什么逻辑推理，一旦得出确定结论之后，他们即刻就付诸实施，因此，他们总显得雷厉风行。"

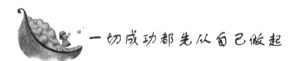

一切成功都先从自己做起

有句话叫求人不如求己，一切成功无异于自己努力的结果。"外在环境是造成问题的症结所在"，这种想法不但错误，而且正是问题的根源。假使不能反求诸己，一味希望外在环境改变来达成个人的愿望，无异于任凭别人摆布。

正确的做法应该是先改变个人的行为，做个更充实、更勤奋、更具创意、更能合作的人，然后再去影响环境。《旧约》里约瑟夫的故事颇耐人寻味，约瑟夫是一个尽其在我的人。他 17 岁时就被亲生手足卖到埃及，任何人处在同样的境遇下，都难免自怨自艾，并对出卖及奴役他的人愤愤不平。但约瑟夫不这么想，他专注于修养自己，不久便成了主人家的总管，掌管所有的产业，备受倚重。

后来他遭到诬陷，冤枉坐牢 13 年，可是依然不改其志，化怨愤为上进的动力。没有多久，整座监狱便在他的管理之下。到最后，便掌管了整个埃及，成为法老以下、万人之上的大人物。这种行为的确不是一般人所能企及，可是人人都可以为自己的生命负责，为自己开创有利的环境，而不是坐等好运或厄运的降临。举例来说，如果某人婚姻出了问题，却只顾揭发对方的过错。这种做法于事无补，只不过强调错不在我，且充其量证明你是个无能的受害者，并不能挽回婚姻。不断的指责不但无法使人改过迁善，反而会令人恼羞成怒。

真正有效的策略应从自身能控制的方面着手，也就是先改进自己的缺失，努力成为模范妻子或丈夫，给予对方无条件的爱与支持。我们当然也盼望能感受这份苦心，进而改善自己的行为。不过对方的反应如何，并非重点所在。

除了好丈夫、好妻子，我们何妨试着做个好学生或好职员。如果遇上实在无能为力的状况，保持乐观进取的心情仍是上上策，不管快乐或不快乐，同样积极主动。有些事物不是人力所能控制，比方说天气，但我们仍可保持内心或外在环境的愉悦气氛。对力不能及之事处之泰然，对能够掌握之事则全力以赴。

一旦化学方程式有某一部分改变，整个化学变化就会改观。同样地，只要我们开始对环境做选择性的回应，影响力也会大增。

有一家很大的公司，该公司总裁精力旺盛，而且对流行趋势反应极其敏锐。他才华横溢，精明干练，但是管理风格却十分独裁。对部属总是指颐使气，从不给他们独当一面的机会，人人都只是奉命行事的小角色，连主管也不例外。

这种作风几乎使所有主管离心离德，大多一有机会便聚集在走廊上大发牢骚。乍听之下，不但言之成理而且用心良苦，仿佛全心全意为公司着想。只可惜他们光说不练，以上司的缺失作为坐而言却不起而行的借口。

例如一位主管说:"你绝对不会相信。那天我把所有事情都安排好了,他却突然跑来指示一番。就凭一句话,把我这几个月来的努力一笔勾销,我真不知道该如何再做下去。他还有多久才退休?"

有人答道:"他才59岁,你想你还能熬6年吗?""不知道,反正公司大概也不会让他这种人退休。"

然而,有一位主管却不愿意向环境低头。他并非不了解顶头上司的缺点,但他的回应不是批评,而是设法弥补这些缺失。上司指颐使气,他就加以缓冲,减轻属下的压力。又设法配合上司的长处,把努力的重点放在能够着力的范围内。

受差遣时,他总尽量多做一步,设身处地体会上司的需要与心意。假定奉命提供资料,他就附上资料分析,并根据分析结果提出建议。

有一天,一位公司的顾问与该公司总裁交谈,他大为夸赞这位主管。以后再开会时,其他主管依然接到各种指示,惟有那位积极主动的主管,受到总裁征询意见,他的影响圈因此而扩大。

这在办公室造成不小的震撼,那些只知抱怨的人又找到了新的攻击目标。对他们而言,惟有推卸责任才能立于不败之地,因为肯负责,就得不怕失败,为了免于为自己的错误负责,有人干脆把责任推得一干二净。这种人以尽量挑剔别人的错误为能事,借此证明"错不在我"。幸好这位主管对同事的批评不以为意,仍以平常心待之。久而久之,他对同事的影响力也增加了。后来,公司里任何重大决策必经他的参与及认可,总裁也对他极为倚重,并未因他的表现受到威胁。因为他们两人正可取长补短,相辅相成,产生互补的效果。

这位主管并非依靠客观的条件而成功,是正确的抉择造就了他。有许多人与他处境相同,但未必人人都会注重扩大个人的影响圈。

有人误以为"积极主动"就是强出头、富侵略性或无视他人的反应,其实不然。积极主动的人只是反应更为敏锐,更为理智,能够切乎实际并掌握问题的症结所在。

追求卓越的个性

只要争取一下就有可能成功

有些时候看似毫无希望，其实只要争取一下就有可能成功。卓越人士之所以成功就是在于他们的争取。

一位女大学生刚毕业时，到一家公司应聘财务会计工作，面试时便遭到拒绝，原因是她太年轻，公司需要的是有丰富工作经验的资深会计人员。女大学生却没有气馁，一再坚持。她对主考官说："请再给我一次机会，允许我参加完笔试。"主考官拗不过她，答应了她的请求。结果，她通过了笔试，由人事经理亲自复试。

人事经理对这位女大学生颇有好感，因她的笔试成绩最好，不过，女孩的话让经理有些失望，她说自己没工作过，唯一的经验是在学校掌管过学生会财务。找一个没有工作经验的人做财务会计不是他们的预期，经理决定到此为止："今天就到这里，如有消息我会打电话通知你。"

女孩从座位上站起来，向经理点点头，从口袋里掏出两块钱双手递给经理："不管是否录取，请都给我打个电话。"

经理从未遇到过这种情况，一下子呆住了。不过他很快回过神来，问："你怎么知道我不给没有录用的人打电话？"

"你刚才说有消息就打，那言下之意就是没录取就不打了。"

经理对这个年轻女孩产生了浓厚的兴趣，问："如果你没被录用，我打电话，你想知道些什么呢？"

"请告诉我，在什么地方不能达到你们的要求，我在哪方面不够好，我好改进。"

"那两块钱……"

女孩微笑道："给没有被录用的人打电话不属于公司的正常开支，所以由我付电话费，请你一定打。"

经理也微笑道："请你把两块钱收回，我不会打电话了，我现在就通知你，你被录用了。"

就这样，女孩用两块钱敲开了机遇大门。细想起来，其实道理很清楚：一开始便被拒绝，女孩仍要求参加笔试，说明她有坚毅的品格。财务是十分繁杂的工作，没有足够的耐心和毅力是不可能做好的。她能坦言自己没有工作经验，显示了一种诚信，这对搞财务工作尤为重要。即使不被录取，也希望能得到别人的评价，说明她有面对不足的勇气和敢于承担责任的上进心。员工不可能把每项工作都做得十分完美，我们可以接受失误，却不能接受员工自满不前。女孩自掏电话费，反映出她公私分明的良好品德，这更是财务工作不可或缺的。

两块钱折射出良好的素质和高尚的人品。而人品和素质有时比资历和经验更为重要。同时还反映出了一个问题，如果这个女孩在一开始遭拒绝就收兵，那么就可能得不到这份工作。但她不放弃，积极主动要求、争取，她没有指望谁能帮上自己，她相信的是积极主动的进取心和自信心。这是卓越人士必备的素质之一。

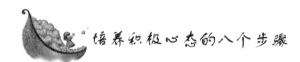

培养积极心态的八个步骤

每个人都渴望成功，积极的心态是成功的重要因素之一。那么卓越人士是如何培养积极心态的呢？

1. 重视你自己的生命。不要说："只要吞下一口（毒药），就可获得解脱。"不妨这样想，"信心将协助你度过难关。"你所交往的朋友，你所去的地方，你所听到或看到的事物，全都记录在你的记忆中。由于头脑指挥身体如何行动。因此你不妨从事最高级和最乐观的思考。人们问你为何如此乐观时，请告诉他们，你情绪高昂是因为你服用了"安多芬"。

2. 多与乐观者在一起，不要向诱惑屈服，而浪费时间去阅读别人悲惨的详细新闻。在开车上学或上班途中，听听电台的音乐或自己的音乐带。如果可能的话，和一位乐观者共进早餐或午餐。晚上不要坐在电视机前，要把时间用来和你所爱的人谈谈天。

3. 向龙虾学习。龙虾在某个成长的阶段里，会自行脱掉外面那层具有保护作用的硬壳，因而很容易受到敌人的伤害。这种情形将一直持续到它长出新的外壳为止。生活中的变化是很正常的。每一次发生变化，总会遭遇到陌生及预料不到的意外事件。不要躲起来，使自己变得更懦弱。相反的，要敢于去应付危险的状况，对你未曾见过的事物，要培养出信心来。

4. 从事有益的娱乐与教育活动；观看介绍自然美景、家庭健康以及文化活动的录像带；挑选电视节目及电影时，要根据它们的质量与价值，而不是注意商业吸引力。

5. 改变你的习惯用语。不要说"我真累坏了"，而要说"忙了一天，现在心情真轻松"；不要说"他们怎么不想想办法？"而要说"我知道我将怎么办。"不要在团体中抱怨不休，试着去赞扬团体中的某个人；不要说"为什么偏偏找上我，上帝？"而要说"上帝，考验我吧！"不要说"这个世界乱七八糟"，而要说"我要先把自己家里弄好"。

6. 把星期天变作培养"良好信心"的日子。根据最近对青少年滥服药物所作的研究报告指出，不服用任何药物的正常年轻人，他们生活中的三大支柱就是：宗教信仰、良好的家庭关系以及高度的自尊心。

7. 在你生活的每一天里，写信、拜访或打电话给需要帮助的某个人。向某人显示你的信心，并把你的信心传给别人。

8. 在幻想、思考以及谈话中，应表现出你的健康情况很好。每天对自己做积极的自言自语。不要老是想着一些小毛病，像伤风、头痛、刀伤、擦伤、抽筋、扭伤以及一些小外伤等。如果你对这些小毛病太过注意了，它们将会成为你最好的朋友，经常来向你"问候"。你脑中想些什么，你的身体就会表现出来。在抚养及教育孩子时，这一点尤其重要。专门想着家庭的好处，注意家庭四周的健康环境。我曾经看过一些父母，比其他人更关心孩子的健康与安全，反而使他们的孩子变成了精神病患者。

这就是卓越人士培养积极心态的方法，相信对每一个有志于成功的人都有所帮助。

第三章　开拓进取的卓越个性

　　超越自我是对自身能力或素质的突破，这不仅仅是对心理潜能的激发，更多的是人性的完善、境界的提高或智慧的凝结。

卓越者总是超越自我的人

　　超越自我是对自身能力或素质的突破，这不仅仅是对心理潜能的激发，更多的是人性的完善、境界的提高或智慧的凝结。

　　人在改造自然、构筑社会的过程中，会逐渐形成一些规范、感觉和认识，这些经验和教训的结果是有利于个体适应环境并且与环境互动协调的。但是由于人的认识层次不够，信息不足，往往会很片面，这是谁都不能避免的。片面带来的规范异化、认识异化（成见）或本能误导，对人适应环境都是不利的，甚至会成为人立足和发展的障碍。突破就是针对异化和误导而来的。

　　比如羞怯，这是人的自我收敛、自我保护意识的体现，是积极的，有利于维系人与人之间的关系的。但是，过分的羞怯，或已经形成的不分场合、不适时宜的羞怯却常常成为人前进或地位上升、关系拓展的障碍。克服羞怯的口号因此而出。

　　超越自我一般都要通过自我调节才能顺利实现，特别是心态的调节。

　　有时候，自我超越和自我调节并不能被很严格地区分。自我调节可以被看作是短期的行为，可以暂时应对心灵的失衡与变化。自我超越的效应则更倾向于长期，那不仅仅依靠心理调适，还融合了充分的知识、条件，是心态的更好，是水平、境界、资源和能力的更高。可以说，自我超越少不了自我调节，因为个体需要磨合，不断调整、不断感觉，与自然和社会相应。但是自我调节未必能够促成自我超越，因为自我超越要复杂得多，那往往以自我突破为表现，再上一个台阶。

　　超越自我需要人积极不懈的努力。研究发现，坚持和积累比素质和技巧都重要得多，水滴石穿的道理是通用的。不能否认世上确有天才，但对于我们大多数人，智力和能力的差距并不大，知识和技巧也差不多，这时自我超越的重点，更应该倾向于坚持和积累。

　　史蒂芬·霍金于 1942 年 1 月 8 日生于牛津，那一天刚好是伽利略逝世 300 年。可能因为他出生在第二次世界大战的时代，所以小时候对模型特别著迷。他十几岁时不但喜欢做模型飞机和轮船，还和学友发明了很多不同种类的战争游戏，反映出他对研究和操控事物的渴望。这种渴望驱使他攻读博士学位，并在黑洞和宇宙论的研究上获得重大成就。

　　霍金十三四岁时已下定决心要从事物理学和天文学的研究。17 岁那年，他获得了自然科学的奖学金，顺利入读牛津大学。学士毕业后他转到剑桥大学攻读博士，研究宇宙学。不久之后，他发现自己患上了会导致肌肉萎缩的卢伽雷病。由于医生对此病束手无策，起初他打算放弃从事研究的理想，但后来病情恶化的速度减慢了，他便重拾心情，排除万难，从挫折中站起来，勇敢地面对不幸，继续醉心研究。

　　20 世纪 70 年代，他和彭罗斯证明了著名的奇性定理，并在 1988 年共同获得沃尔夫物理奖。他还证明了黑洞的面积不会随时间而缩减小。1973 年，他发现黑洞辐射的温度和其质量成反比，即黑洞会因为辐射而变小，但温度却会升高，最终会发生爆炸而消失。

　　20 世纪 80 年代，他开始研究量子宇宙论。这时他的行动已经出现障碍，后来由于得了肺炎而接受气管穿刺手术，他从此再不能说话。现在他全身瘫痪，要靠电动轮椅代替双脚，不但说话和写字要靠电脑和语言合成器的帮忙，连阅读也要别人替他把每页纸摊平在桌上，让他驱动着轮椅逐页去看。

　　霍金一生贡献于理论物理学的研究，成为当今最杰出的科学家之一。他的著作包括《时间简史》及《黑洞与婴儿宇宙以及相关文章》。虽然大家都觉得他非常不幸，但他在科学上的成就却是在他病发后获得的。他凭着坚毅不屈的意志，战胜了疾病，创造了一个奇迹，也证明了残疾并非成功的障碍。他凭着对生命的热爱和对科学研究的热忱，可以超越自己，超越一切。

　　"原来，人最大的敌人就是自己，是自己的怯懦使自己胆寒。我恍然大悟。"

　　能够超越别人的人不一定能超越自我，能够超越自我的人，才

61

是真正的胜利者。

 卓越人士善于摆脱自我限制

卓越人士善于摆脱自我限制。什么是自我限制呢？我们先举个例子来说明这个问题：有一种虫儿叫跳蚤，是跳高能手。如果把它放在桌子上，用手一拍，它可以跳很高，高度能是自己身高的百倍以上，这在动物界是屈指可数的。后来，科学家经过试验证明，这个跳高能手却不会跳了。

科学家们在跳蚤的头上罩上一个玻璃罩，再使跳蚤跳动。第一次跳蚤就碰到了玻璃罩。这样连续多次以后，跳蚤改变了自己能够跳起的高度来适应新环境，每次跳起的高度总保持在罩顶以下。科学家们逐渐改变玻璃罩的高度，跳蚤又经过数次碰壁之后主动改变自己的高度。最后，玻璃罩接近桌面，跳蚤无法再跳了，只好在桌子上爬行。经过一段时间，科学家把玻璃罩拿走了，再拍桌子，跳蚤仍然不会跳，"跳蚤"变成"爬虫"了。"跳蚤"变成"爬虫"，并不是因为它已经失去跳跃的能力，而是由于一次次遭受挫折之后学乖了，习惯了，最后麻木了。最可悲的地方就是：虽然玻璃罩已经不存在，跳蚤却连"再试一次"的勇气都没有。玻璃罩的限制已经深深地刻在它那十分有限的潜意识里，反映在它的心灵上。

动物是这样，人也是这样，行动的欲望和潜能被自己扼杀！科学家把这种现象叫做"自我设限"。

很多人的经历与此极为相似。一个人在成长的过程中，特别是幼年时代，遭受外界，比如父母、老师等太多的批评、打击或遭受挫折，于是奋发向上的热情、欲望就被"自我设限"压制和封杀了。在这种情况下，如果没有得到及时的疏导与激励，他们就会对失败惶恐不安，对失败习以为常，逐渐丧失了信心和勇气，渐渐养成了懦弱、犹疑、狭隘、自卑、孤僻、害怕承担责任、不思进取、不敢拼搏的精神障碍。这样的性格，在生活中最明显的表现就是随波逐流，人云亦云，没有主见。随之，与生俱来的胆量之灯就这样过早熄灭了。

怎样挣脱"自我设限"呢？我们来讲一个很著名的故事：1920年，美国田纳西州的一个小镇上有个小姑娘出生了，她是一个私生子，妈妈给她取名叫肖菲丝。肖菲丝长大之后，慢慢懂事了，发现自己与其他孩子不一样：没有爸爸。很多人都对她投来歧视的目光，小伙伴们都不愿意跟她玩儿。对于这些，她不知道为什么，她感到很迷茫。她虽然是无辜的，但世俗却是很残酷的。每个人都很清楚，在一个人的一生中，我们可以做出很多选择，但是任何人都不能选择自己父母。而肖菲丝连自己的父亲是谁都不知道，只好跟妈妈一起生活。

上学后，她受到的歧视并未因此减少，老师和同学还是以那种冰冷、鄙夷的眼光看她，认为她是一个没有父亲的孩子，没有教养的孩子，一个不好的家庭的孽种。在别人的心理暗示下，她变得越来越懦弱，自我封闭，逃避现实，不愿意与人接触，变得越来越孤独……

在肖菲丝幼小的心灵中，最害怕的事情就是和妈妈一起到镇上的集市去——她总能感到有人在背后指指戳戳，窃窃私语："就是她，那个没有父亲，没有教养的孩子！"

肖菲丝13岁那年，镇上来了一个牧师，从此肖菲丝的一生便改变了。

肖菲丝听母亲说，这个牧师非常好。别的孩子一到礼拜天，便跟着自己的父母，手牵手地走进教堂，她很羡慕，于是就无数次躲在教堂的远处，看着镇上的人兴高采烈地从教堂里出来，而她只能通过聆听教堂庄严神圣的钟声和偷看人们面部高兴的神情去想象教堂里的神奇。有一天，她鼓起了勇气，等别人都进入教堂以后，偷偷地溜了进去，躲在后排注意倾听。

牧师讲道：过去不等于未来。过去成功了，并不代表还会成功；过去失败了，也不代表未来就要失败。过去的成功或失败，只是代表过去，未来只能靠现在来决定。我们每个人都要面对现实，都应该重视现在。我们现在干什么，选择什么，就决定了我们的未来是

63

什么！失败的人不要气馁，成功的人也不要骄傲。成功和失败都不是最终结果，只是人生过程的一个事件、一段经历。在我们这个世界上，不会有永恒成功的人，也没有永远失败的人。

肖菲丝是一个悟性很强、渴望情感的女孩，被牧师的话深深地震动了，感到一股暖流在冲击着她冷漠、孤寂的心灵。但是她马上提醒自己："我必须马上离开，趁别人没有发现自己的时候，赶快走。"

有了第一次，就有了第二次、第三次、第四次、第五次。在她的心灵深处，这就是她自己最喜欢干的事情。但是每次她都是偷听，几句激动人心的话很难阻止别人的冷眼对她的袭击，因为她懦弱、胆怯、自卑，认为自己没有资格进教堂。量的积累终于引起了质的变化。有一次，她听入迷了，忘记了时间，忘记了自卑和胆怯，直到教堂的钟声清脆地敲响，她才惊醒过来，可是已经来不及抢先"逃"走了。

先离开的人们堵住了她迅速出逃的去路，她只得低头尾随人群，慢慢朝门外移动……突然，一只手搭在她的肩上，她惊惶地顺着这只手臂望上去，此人正是牧师。牧师温和地问："你是谁家的孩子？"

这是她十多年来，最最害怕听到的话！这句话就像一只通红的烙铁，直直地戳在肖菲丝的流着血的幼小的心上。牧师的声音虽然不大，却具有很强的穿透力，人们停止了走动，几百双惊愕的眼睛一齐注视着肖菲丝，教堂里安静得连根针掉在地上都听得见。

肖菲丝被这突如其来的变故完全惊呆了，她不知所措，眼里噙着快要掉下来的泪水。

这个牧师是一个大好人，他的脸上立即浮起慈祥的笑容，说："噢——我知道了，我已经知道你是谁家的孩子——你是上帝的孩子。"

他抚摸着肖菲丝的头，针对肖菲丝发表了一篇简短的演说：

"这里所有的人和你一样，都是上帝的孩子！过去的不等于未来，不论你过去怎么不幸，这都不重要。重要的是你对未来必须充满希望。现在就做出决定，做你想做的人。孩子，人生最重要的不是你从哪里来，而是你要到哪里去。只要你对未来充满希望，你现在就会充满力量。不论你过去怎样，那都已经过去了。只要你调整心态、明确目标，乐观积极的去行动，那么成功就是你的。"

牧师话音刚落，教堂里顿时就爆出热烈的掌声！这些上帝的孩子们没有说一句话，掌声就是理解，就是歉意，就是承认，就是欢迎！

整整 13 年了，压抑在肖菲丝心灵上的陈年冰封被"博爱"瞬间熔化，她终于抑制不住内心的喜怒哀乐，眼泪夺眶而出。

肖菲丝的心态从此发生了巨大的变化：

40 岁那年，她当选美国田纳西州州长。届满卸任之后，弃政从商，成为世界 500 家最大企业之一的公司总裁，成为全球赫赫有名的成功人物。67 岁时，她出版了自己的回忆录《攀越巅峰》，在书的扉页上写下了这样一句话：过去不等于未来！

应该说肖菲丝是一个摆脱自我限制的最好例证。而且她又是一个成功者，是一个事业人生都成功的佼佼者。站在现在，我们不能够把握过去，我们只能够抓住现在，希望未来。"过去不等于未来"，就是要求我们用发展的眼光看待自己，看待成功和失败，这些都不能构成主宰自己目前的心态。彻底摆脱掉自我限制的阴影，过去的都过去了，关键是未来。过去决定了现在，而不能决定未来，只有现在的作为及选择才能决定我们的未来。

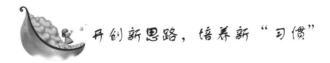

开创新思路，培养新"习惯"

性格有时好比一座高山，站得低的人，只能看到附近的一小块地方，只有那些爬得高的人，才能一览众山小。

张家、李家、王家同住一个村，地处大都市郊外 30 多千米处。三家都承包了大片山坡地，都种上了橘树。近年来，市场上水果丰富，品种繁多，人们的胃口也变得挑剔了——橘子在人们心目中逐渐成为低档货。因此，虽然橘子年年丰收，但价格就是上不去，结果丰收却不增收，使三家人很是苦恼。

这一年，又到了橘子收获季节。张家早早就组织劳动力上山采摘，希望能抢先一步，以时鲜招人，争取一个较好的价格。可是，上市后，市场反映平平。因为提前采摘，果实成色差，色泽不鲜，吸引力不强。结果，扣除各种费用，张家所得寥寥可数。

李家吸取张家的教训，不走历年所走的道路。他们根据城市人习惯周末郊游这一新特点，想出了一个新的主意：李家在山下交通路口，树了一块路牌："上树吃果鲜，比在家吃甜；让您吃个饱，只要8元钱。"结果，每到周末，李家的果园都热闹万分。因此，李家省工省力，又省去许多费用，收入颇丰。

王家面临一对双胞胎即将同时上大学的经济压力，可以指望的也只有这片果园。他们想，无论如何得卖一个好价钱。因此，果实迟迟没有采摘，直到快春节了，还是满树鲜果。他们想，时值新春佳节，家家求吉利，大桔（吉，橘原作"桔"，与"吉"谐音）大利，这里大有文章可做。于是，他们想出了一个良方：选择相邻的4株大橘树，将果实采光，将树冠整理平整，然后以绿油油的树冠为"纸"，以刚采摘下来的黄澄澄的橘子为"墨"，"写"成"新年大吉"四个大字，用细铁丝将新鲜的橘子按字形固定在橘树上。结果，绿叶金字，煞是好看。人在树下一站，显得风光满面。于是，他们拍下照片，并刊登广告："桔树之上吃大桔，桔树之下照大桔，一家一户一百元，祝您新年大吉利。"结果，从大年初一开始，春风和春光每天都送来一拨又一拨的城里人，也送来了一叠又一叠的钞票。城里人又吃橘子又照"橘相"，乐了。王家人边待客人边数钞票，笑了。

通过这个例子，我们不难看出，王家迫于需要，走了与众不同的路，冲破了传统的习惯，才最终使办法比张家、李家高出一大截。

张家只有寻常的经济眼光，只知使用习惯的经济手段，因而橘园的收入没有达到预期的结果。

李家颇为聪明，他们由物及人，不仅为消费者提供了丰收的橘子，也为消费者提供了一种乐趣，提供了一种休闲方式，因而很受欢迎，所得回报自然也就比较丰厚。

王家的做法则更有特色：一是善于利用时间背景，借助春节这一特定时期，捕捉到了最佳商机；二是充分关注人们的心理追求，从满足消费者精神需要的角度，吸引了最广泛的注意力；三是轻形重神，在宣传上淡化橘子本身的物质功能，突出"桔"与"吉"的谐音关系，强化号召力。因此，三者中王家的收入最佳、效益最好也就很自然了。不过，读者应该注意到，王家的收入与他们的思维是有很大关系的，如果没有很高的企求，也许王家同样会依惯例采摘出售，不会做出更多的思考与构想。

可见，要想推陈出新，光靠传统的习惯搞经营是行不通的。还得不断开创新思路，培养新"习惯"。

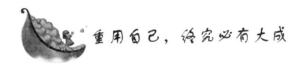

重用自己，终究必有大成

拿破仑有句话：不想当将军的士兵永远成不了将军。其实这句话道出了一个道理：每个人活在这个世上，都应该给自己定个位。定什么位，将决定自己一生成就的大小。志高千里的人决不会自甘平庸，甘心作下人的人永远成不了主人。在现实当中总有这样一些人，他们相信命运，凡事听天由命；有的性格懦弱，做事依赖他人；有的没有责任心，不敢承担责任；有的惰性太强而好逸恶劳；有的缺乏理想，混沌度日等等。总之，他们给自己低调定位，遇事不敢独当一面，又不敢承担责任，不敢为人之先。一句话，就是不敢重用自己，被一种消极的心态所支配，甘心自我轻贱。这种心态是一个人进步的最大障碍，成功的大敌。古人云："胜人者力，自胜者强。"这的确是亘古不变的真理。

一个人要想有所建树，有所成就，就要敢于给自己高调定位。要敢于重用自己，敢于承担责任，勇于独当一面，有战胜一切艰难险阻的决心，敢于排除前进道路上的一切障碍，敢为人先。心中只有一种信念：别人能做的，我也能做到；别人做不到的，我还能做到。

敢不敢重用自己，对一个人的事业起决定作用，而智力的高低、

67

学业的优劣仅在其次。为什么有些在学生时代学习成绩优秀的学生走上社会以后反而不如中等学生更有建树？原因往往是前者不如后者能更好地重用自己。毛泽东敢于发出"问苍茫大地，谁主沉浮"的诘问和"俱往矣，数风流人物，还看今朝"的肯定回答，最终缔造了一个新中国。原因就是他敢于看重自己，并与一切宗派主义、个人主义、逃跑主义等做斗争。

中国人一直受深层文化心态的侵袭，自古就有一种祈求被人重用的心理。如"良禽择木而栖，良臣择主而事"、"士为知己者死，女为悦己者容"、"人敬我一尺，我敬人一丈"等。这种心理的外化形式表现在各个方面，在中国与外国之间，崇洋媚外，惟洋为是的表现即是其一。在日常交往中，拼命地巴结和讨好有权有势者，一切的阿谀奉承、溜须拍马、谄媚取宠、请客送礼等均源于此种心理。在同僚之间明争暗斗、嫉贤妒能、互相拆台、设置陷阱等也源于此种心理。必须认清，此种心理是对人生的误导。卓越人士的三个突出方面是自信心、责任心和意志力的表现，自信心即是相信自己的能力、确信自己能够成功的心理素质；责任心即敢做敢当、勇于承担责任和对人负责的心理素质；意志力是指为了达到目的，不怕困难和挫折并勇于战胜困难和挫折的心理素质。所以说，要想成就一番事业的人，必须在这三方面努力训练和提高自己。

敢于重用自己，终究必有大成。心理学研究表明：人的潜能是无限的，大有越开发越丰富之势，敢于重用自己的人，总是努力开发自己的潜能去完成其高远的目标。虽然他在实现自标的过程中，常常会遭受一些挫折和失败，但他从挫折和失败中学到的东西比从成功和顺利中学到的还要多，每一次的挫折和失败都是向成功迈进了一大步。所以他终必有大成。

总的来说，每个人的命运都在自己手中，每个人都可做出惊世骇俗的业绩，关键就在于敢不敢重用自己。谁要总将命运寄托于他人，祈求他人的重用，那结果必将是受人役使和摆布，或者"为他人作嫁衣裳"。

卓越人士如是说永远不要小看自己。

着眼于人们的心理需求

创新其实是一种竞争性格，将这种性格摆在你的行为模式里，时时有着创新的意识，那么你就会随时都有一种寻找创新机会的心理反应，都有创新的敏锐观察力，且随时会发现可以创新的基点。这样，就不会让能体现创新的机会从你的眼皮底下溜走。"不要总跟在别人后面。"这是成大事人的一种共识，因为只有当你自己有了与别人不同的东西，你才有可能开创自己的天地，才能在激烈的竞争中先声夺人，高人一筹。

在北京市举办的家具博览会上，各家具公司借这个机会将自己最新款式的家具摆在展会上，以求得消费者的认可。

几乎各个厂家拉去的都是成品家具，可独有一家公司却别出新招，拉到展览会上的都是半成品。这家公司的营销主任别有谋略，要在现场由工人将产品的内在质量和结构展现出来，现场组合制作，使消费者放心地购买。因为很多家具从表面上是没法看到内部结构的，顾客对质量都心存疑虑，而这样现场组合制作，让人能从内部到外观都有个直观的了解。

就这样的一个创意，使得该家具公司在此次博览会上的销售业绩名列前茅，企业知名度也大大提高，可谓一举多得、名利双收。

一个小小的创新，就可以在激烈的竞争中得以胜出，而因循守旧，是很难做到这一点的。因此，不总跟在别人后面，而是从心理突破入手，就会有创新，就有可能取得竞争优势。

20世纪60年代，以生产化妆品闻名于世的罗杰公司，终于在不懈地努力下敲开了被称为"化妆品之都"的法国巴黎的消费大门，但要使自己的产品能在巴黎站住脚并得以认可却绝非易事。

当时的法国化妆品市场，已经被各国的知名公司和法国本国的产品塞得无缝可钻。对于罗杰公司的产品如何在这激烈的竞争中打开销路，公关和推销部做了仔细地分析，决定推陈出新，改变传统的推销方式，以一种全新的销售理念做切入点，打开局面，展开攻势。

按当时传统的推销方式，高级化妆品都是采用直销的方式上门促销的，但罗杰公司用当时并不流行的邮寄方式给用户送去试用品和回执卡，当用户觉得试用效果好时，就可以填回执卡，寄费邮购了。

大家都知道，法国的化妆品在世界上都是享有盛名的，到化妆品之都去竞争市场，无异于虎口拔牙，挑战的难度之大是可想而知的，但罗杰公司却明知山有虎，偏向虎山行。他们认为，越是充满挑战的地方越有值得挖掘的潜力和市场。

就是这种别具风格的挑战魄力和竞争意识，加之独特的促销手法和创新的理念，使得罗杰公司不仅能在虎口拔出牙来，而且在不断的创新过程中，使其化妆品市场不断地向外扩张和伸延。那么，他们除了以邮寄的方式推销外，还开发了哪些新的销售方法呢？

我们还是从罗杰公司的回执卡说起。罗杰公司寄出的回执卡上，并不是简单的商品数量和金额的多少，而是对用户好恶什么颜色、喜欢什么花及其生日档案、星座记录等有关于个人的资料都请用户给予登记。回执卡寄回后，公司的专职人员将每个用户的个人资料全部登记建档。

在他们每次给用户寄订购的产品时，都根据档案的记录准时地附寄上一些小礼物，花费并不大，但当用户收到所订产品的同时，还能意外地收到一份小礼品。试想，这些客户还会有别的选择吗？

用户不管是否订购了产品，每逢生日都会准时收到罗杰公司赠送的生日礼物，可以推测，主人可能在无意间都成了罗杰公司的义务推销员。

从突破顾客的心理入手，这种富有人情味的创新推销举措，使该公司的产品在法国化妆品市场的激烈角逐中竟取得了非凡的成绩。

一个公司是这样，同样，一个人也是这样。一个有成就的人要想在竞争中立于不败之地，势必着眼于人们的心理需求，根据人们的需要不断推陈出新，从而开创自己的天地。

激情能够使人产生信心和力量

激情，不分年龄大小，不分身强身残。若是没有激情，人就像没有灵魂，生活也就像一潭死水。因为激情是事业有成的希望，激情是梦想的驱动器，激情是启迪智慧的金锁匙。若是一个人在自己的人生路上能满怀激情，用昂扬的斗志披荆斩棘，他就能度过艰难险阻，就能激发想象和创意，就能带来诗情画意，就能获得友谊爱情，造就辉煌的人生。相反，缺乏激情的人如同草木。唐朝得道高僧玄奘是中印文化交流的使者，也是伟大的旅行家。他亲赴印度求取真经，历时19年，并穷其一生精力译经弘法，留给后世一部不朽的巨作《大唐西域记》，被鲁迅誉为"民族的脊梁"，被梁启超赞为"千古一人"。

激情能够使人产生信心和力量。拿破仑能够跨越"不可能"而叱咤风云，海伦·凯勒在双目失明的情况下，心中依然有光明之梦，而且付诸实现，靠的也是信念和激情。世界传媒巨子雷石东之所以成功也是因为他始终怀有一种赢的激情。

1923年，雷石东出生在美国波士顿一个清贫的犹太人家庭，他不仅遗传了家族的精明伶俐，更是满怀激情地面对他以后的人生。31岁时，他毅然放弃了给他带来丰厚收入的律师事务所，开始了第一次创业，经营"国家娱乐有限公司"。几十年后，他积累了5亿美元的财富。

就在这时，不幸的事情发生了。1979年，雷石东在参加华纳兄弟公司的一个聚会时，在酒店遭遇了一场火灾。火灾中，他身体45%的皮肤都被大火烧毁，右手腕也几乎脱离了身体。对于他这样一个56岁的人而言，不仅是未来，就连生存也成为了一个严峻的问题。

然而，雷石东凭借着自己那种赢的激情和坚韧不拔的意志，与死神展开了激烈的搏斗并最终取得了胜利，渡过了生命中最艰难的

71

岁月。那时，56 岁的雷石东就像凤凰涅磐，浴火重生，并让生命散发出更为夺目的光彩。

63 岁时，他二次创业收购维亚康母公司；70 岁时，收购派拉蒙电影公司；76 岁时，收购哥伦比亚广播公司；78 岁时，被《福布斯》评为全球排行第 18 位的富豪；2005 年，82 岁的他，还管理着全球最大的传媒娱乐公司，并且正积极进军中国传媒市场，为使事业发展再创高峰。

那以后，偶然谈起那场几乎吞噬他生命的大火，他说："我个人的信念并没有因为这场大火而发生任何变化，我的价值观与发生大火前没有什么不同。无论在高中、大学、法学院学习，还是后来建立自己的媒体王国，我的价值观始终不曾改变。我始终怀有赢的激情，这种激情体现了我生命的全部意义。"

他正是用这种犀利的眼光审时度势，用理智的天平衡量自己，用如火的热情踏上征程，直面人生的真谛，跨过了人生中一道道的坎坷，一幕幕的艰辛，终于迎来了一番番的风顺，一次次的喜悦，像苍松翠柏一样撑起了一片湛蓝的天空！

激情是一种火热的心理活动，是人的心灵的支柱，是快乐的源泉。激情会让你心中充满生机和活力。人在生活充实和快乐的时候，会把情绪调整到最佳状态，就会产生极大的热忱和积极的心态。因此，只要你始终不渝地充满激情，就一定能得到超值的回报。

 用智慧战胜自我，实现超越

现代社会是一个竞争的社会，每个人都为了谋求立足之地进行激烈的竞争。竞争是残酷的，人们为了获胜，争得你死我活，甚至鱼死网破。可是，在与人明争暗斗的同时，你有没有想过，对方真的是你的敌人吗？

事实上，你最大的敌人是你自己。一个人如果连自己都征服不了，还谈什么去征服别人。对手只是相对的、暂时的，而与自己较量却是自始自终，从出生直到死亡，是你无法逃避的。智慧可以帮你战胜自我，实现超越。

著名的财务软件公司——用友公司总裁王文京就是一个具有不断进取精神、勇于战胜自我的人。他大学毕业后被分配在国务院机关事务管理局工作，在单位他还是个工作骨干。他负责起草的中央国家机关行政会计制度一直沿用到 1990 年之后。在单位，王文京还曾负责实施了中央国家机关行政会计电算化工作。

王文京在单位可算是个"红人"，他曾被评为先进工作者，并曾在全局干部大会上作先进事迹报告，如果继续在机关发展可能会很有前途。但王文京并不满足于现状，他认为他还有很大的能量有待开发。于是，在他 24 岁的时候，决定到实业界去发展，到经济生活的第一线去。王文京意识到办企业才是他个人的长远选择。他认为："计划经济中机关是最好的单位，但市场经济中企业越来越重要。"

1988 年下半年，王文京正式辞职下海。

辞了职的王文京，人事关系转在街道，他成了待业青年。所以，他以最低的企业形式——个体工商户注册了"用友财务软件服务社"。

做企业也有做企业的难度，做企业也有做企业的苦衷，王文京认为最重要的是要调整心态："做企业的人一睁开眼睛看到的就是问题、困难和压力，但如果你认为问题、困难和压力是一个企业领导人职业生涯中不可或缺的一部分，企业领导人的职责就是要处理问题，要解决困难，那么，你就不会感到辛苦了。"

1988 年，王文京创办用友的时候，根本就没有想到过软件会像汽车一样成为一个产业。"我只是感到软件在世界上很有前途，财务软件在中国会有发展的机会。"王文京对民族软件从来没有悲观过、失望过。"重要的不是现在的起点是高是低和现在的规模是大是小，重要的是要去做。绝对不要怕，哪个企业都是从小发展起来的，坚持下去，一定会有发展。"

在王文京看来，在应用软件上，民族软件有挑战国外软件的实力。组成软件产业的三项战略资源是人才、市场和资本。我们的市场比印度要大得多，印度内需市场很小，美国软件能发展起来，就

73

是因为它有庞大的国内市场，中国的市场在未来没有问题。中国的人力资源很丰富，中国还存在人才的结构问题，但这是要靠发展才能解决的问题，中国发展软件的时间太短了，所以，缺乏系统分析人员和项目管理人员，这些问题随着发展可以解决。资本问题本来被看作一个很大的问题，但是最近完全改观了，无论是国内资本还是国际资本，都在往中国软件上面投入。

王文京凭他的进取心和智慧，在短短几年之内，把用友公司做成了国内知名的民营企业，2000 年 11 月份，他被美国《福布斯》杂志评为中国大陆 50 富豪之一。

我们从王文京的身上，可以看到，个人进取心在卓越人士身上表现出来的一种永不满足的优秀品质。

总而言之，实现超越自我是建立在战胜自我之上的。战胜自我，是对自我的完善，而超越自我，则是对自我的发展。只有在战胜自我之后，才能实现自我超越。战胜自我，只能保持一般的潜能，而只有实现自我超越，才能保证不断地挖掘潜能。

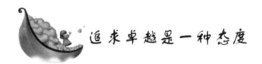

追求卓越是一种态度

追求卓越是一种态度，是一种境界。

卓越不是完美。因为完美会使你受挫，使你被削弱，而卓越却是一个尽其所能去做到最佳的、不断前进的目标。在追求卓越的过程中，你可以不断地取得最佳，不断地打破个人记录，提高过去取得的成绩，从各个层面的成就出发，从而让自己变得坚不可摧。

洛克菲勒是美国的石油大亨，他的老搭档克拉克这样评价他："他有条不紊和细心认真到极点。如果有一分钱该归我们，他会争取；如果少给客户一分钱，他也要给客户送去。"他就是这样从账面数字——精确到毫、厘、个，分析出公司的生产经营情况和弊端所在，从而有效地经营着他的石油王国。

做事细心、严谨、有责任心，是卓越；做人坚持原则，不随波逐流，不为蝇头小利所惑，"言必行，行必果"，也是卓越；生活中重秩序，讲文明，遵纪守法，甚至小到起居有节、衣冠整洁、举止得体，也是卓越的体现。卓越就是不放松对自己的要求，就是在别人苟且随便时自己仍然一如既往坚持操守，就是高度的责任感和敬业精神，就是一丝不苟的做人态度。

阿姆饵食品厂的厂长迈科道尔之所以能够从一个速记员一步一步往上升，就是因为他在工作中总是追求尽善尽美。他最初在一个懒惰的经理手下做事，那个经理习惯于把事情推给下面的职员去做。有一次，他吩咐迈科道尔编一本阿姆饵先生前往欧洲时需要的密码电报书。

如果是一般人来做这个工作，他就会简单地把电码编在几张纸片上敷衍了事，但迈科道尔可不是这样玩忽职守的人。他利用下班的空余时间，把这些电码编成了一本漂亮的小书，并用打字机打印出来，然后再用胶装好。完成之后，经理便把电报本交给了阿姆饵先生。

"这大概不是你做的吧？"阿姆饵先生问。

"不……是……"那经理战栗着回答。

"是谁做的呢？"

"我的速记员迈科道尔做的。"

"你叫他到我这里来。"

阿姆饵对迈科道尔亲切地说："小伙子，你怎么会想到把我的电码做成这个样子呢？"

"我想这样你用起来会方便些。"

"你什么时候做的呢？"

"我是晚上在家里做的。"

"是吗，我特别喜欢它。"

这次谈话后没几天，迈科道尔便坐到了前面办公室的一张写字台前。没过多久，他便代替了以前那个经理的位置。

我认识一个年轻人，他得到了很快的提升，已经超过了很多比他资历更深的人，而这仅仅是因为他能够赋予低微的职位以显著的优势，能够尽自己最大的努力，给自己所做的每一件事都打上有效和完整的戳记。他的老板，一直都在观察他，在清楚了他的能力高低之后，他们将他安排到公司的最高层办公室中，而让他担任的职位，正是他多年来一直尽心尽力从事的，也是他最精通的。现在，他已经成为了一个大机构的负责人，对于这个职位，他并没有任何的经验。他之所以被选中，正是因为他所承担的任何工作，任何事物，都被他打上了夺目的"卓越"之印记。

有一天，他被邀请参加一个重要的宴会，但他却放弃了。因为，在公司即将寄出的一大批信件中，有一个小错误。为了重写这批有错误的信件，他带领着公司的速记员小组，一直在办公室中工作到夜里 10 点。这样一个小错误，在那些职位在他之上的人看来，实在是微不足道，根本不值得如此兴师动众，大惊小怪。一封潦草马虎的信件，一个错别字，一个不恰当的标点，一张贴得上下颠倒或者歪歪扭扭的邮票……总之任何的失误或偏差，对于这个年轻人来说都不是无足轻重的小事。由他经办的任何事情，一定要做到完美。"很不错"、"相当好"，这些对他而言是不够的，他所要求的一定是精确无误，是分毫不差。

毋庸置疑，许多位居其上的同事都会嘲笑他的这种小题大做，嘲笑他在下班之后，还带领着速记员们修正那个微不足道的失误，但是，他们显然不会笑得太久。在几年以前，他还只是公司里一个无人知晓的小人物，当那些高级职员在路上遇见他时，根本不知道他是谁，而现在，他们都会十分尊敬地向他脱帽致意。

下面是某亿万富翁的真实故事：

当年，他在一家电子公司的月薪最初只有 600 块钱，后来一下子就涨到了年薪 10 万，而这之间竟然没有任何的过渡，没过多久，他还成为了这家电子公司的合伙人。

刚去公司的时候，他和公司签订 5 年的工作合约，约定这 5 年内薪水保持不变。但他暗下决心决不满足于这样的微薄薪水，决不能就此不思进取。他一定要让老板们知道，他绝不比公司中的任何一个人逊色，他是最优秀的人。

他工作的质量，很快引起了周围人的注意。3 年之后，他已经如鱼得水游刃有余，以至于另一家公司愿意以 10 万的年薪，聘用他为海外采购员。但他并没有向老板们提及此事，在5年的期限结束之前，他甚至从未向他们暗示过要终止工作协定，尽管那只是一个口头的约定。也许有很多人会说，不接受如此优厚的条件，他实在是太愚蠢了。但是，在5年的合同到期之后，他所在的公司给予了他年薪10万这样的高薪，后来他还成为了该公司的合伙人。老板们都很清楚，这5年来他所付出的劳动，要数倍于他所领的薪水。假如他当时对自己说："月薪才600，他们只给我这么多，而我也就只拿这么多好了，既然我只领着这样的薪水，那么我何必去考虑其他业绩呢！"

如果那样，你说结局会怎样？实际上，这些话正是很多年轻人的想法，他们一边以玩世不恭的态度对待职责，对公司报以冷嘲热讽、频繁跳槽、蔑视敬业精神、消极懒惰，却一边怨天尤人，埋怨自己怀才不遇、生不逢时。因为老板所付不多就敷衍自己的工作，正是这种想法和做法，令成千上万的年轻人与成功绝缘。

对于一个雇员来说，还有比薪水更重要的东西，那就是工作后面的机会，工作后面的学习环境，工作后面的成长过程。工作固然也是为了生计，但比生计更重要的是品格的塑造、能力的提高。如果一个人的工作目的仅仅是为了工资的话，那么，我可以肯定，他注定是一个平庸的人，也无法走出平庸的生活模式。

卓越很昂贵，你必须全身心付出；卓越很昂贵，但回报丰厚；卓越是真理，真理是不会被否定的，这就是精华法则：最优秀的将上升到金字塔顶部。

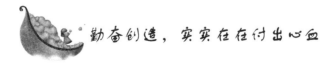

勤奋创造，实实在在付出心血

只有实实在在付出心血，才会换来真正的享受。

一生之计在于勤，而一个成功人生的关键，更在于及时努力，在有限的时间里努力做点什么。

有一个古老的寓言，说到一个寒号鸟的故事。

在古老的原始森林，阳光明媚，鸟儿欢快地歌唱，辛勤地劳动，其中有一只寒号鸟，有着一身漂亮的羽毛和嘹亮的歌喉，于是它到处游荡卖弄自己的羽毛和嗓子。看到别人辛勤地劳动，它反而嘲笑不已，好心的鸟儿提醒它说："寒号鸟，快垒个窝吧！不然冬天来了怎么过呢？"

寒号鸟轻蔑地说："冬天还早呢，着什么急呢！趁着今天大好时光，快快乐乐地玩玩吧。"

就这样，日复一日，冬天眨眼就到来了。鸟儿们晚上都在自己暖和的窝里安详地休息，而寒号鸟却在夜间的寒风里，冻得瑟瑟发抖，用美丽的歌喉悔恨过去，哀叫未来："哆罗罗，哆罗罗，寒风冻死我，明天就垒窝。"

第二天，太阳出来了，万物苏醒了。沐浴在阳光中，寒号鸟好不惬意，完全忘记了昨天晚上的痛苦，又快乐地歌唱起来。

好心的鸟儿又劝它："快垒窝吧！不然晚上又要发抖了。"

寒号鸟嘲笑地说："不会享受的家伙。"

晚上又来临了，寒号鸟又重复着昨天晚上一样的故事。就这样重复了几个晚上，大雪突然降临，鸟儿们奇怪寒号鸟怎么不发出叫声了呢？太阳一出来，大家连忙去一看，才发现寒号鸟早已被冻死了。

寒号鸟的故事虽是一则寓言，但它的确讲明了在人的一生中，今天是多么重要，是你最有权利发挥或挥霍的。只是寄希望于明天而不重行动的人，必定是一事无成的人。到了明天，后天也就成了明天。今天你把事情推到明天，明天你就把事情推到后天，一而再，再而三，事情永远没个完。只有那些懂得如何利用"今天"的人，才会在"今天"创造事业成功的奠基石上，孕育明天的希望。

或者，如民间另外两句话说的："三更灯火五更鸡，正是男儿立志时。"这说的情景其实与祖逖、刘琨的闻鸡起舞是一样的。及时努力，会使现在变得充实，这样，人生将来也充满希望。所以，勤奋，不仅是现在生存的必要，更是未来发展的必要。

一时勤快不难做到，但要一生任劳任怨却不容易。"鞠躬尽瘁，死而后已"是这种勤奋精神的最高境界。

勤奋使平凡变得伟大，使庸人变成豪杰。卓越人士的人生，无一不是勤奋创造、顽强进取的过程。

现代社会中无论是科学巨匠、文艺大师还是工商巨子、政治领袖，其成长、成功，莫不是由于勤奋。勤奋创造、不断努力，表现为：第一，在知识上，受过良好的教育，或正规学校出身，或自学起家，有扎实的专业知识；第二，从平凡的工作做起，有生活与工作的能力，有生活观念，也有强烈的事业心；第三，从平凡做起，能当普通的一兵，也有当元帅的远大志向，并久经磨难，意志顽强；第四，勇敢、有胆识，能揽常人不敢揽下的工作，能走常人不敢走的路，这一点可以从现代各国领导人的经历中看出。

说勤奋，是说人生每日都应当作点什么，不断地有所行动。而进取精神则是讲为人在世，应当不断地发展自己，不断地丰富自己。在眼界上，努力求取新的知识，思考新的问题；在事业上，努力争取年年有所变化。用现在的说法就是要不断否定自己，不断超越自己，不断给自己树立新的目标。

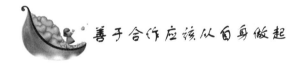
善于合作应该从自身做起

集体工作意味着协调一致。人与人之间有时会发生冲突，但他们不应该把矛盾延续下去，以致发展到无法共事的地步。

合作应该从自身做起，在这方面最好的建议也许是：

1. 保证自己个性的良好平衡，避免走极端。

2. 在执行集体工作中争取主动。

3. 在与自己共事的工作人员中，寻找积极的而不是消极的品质。

4. 对别人表示寄予最大的期望。

5. 保持足够的谦逊，在别人的行为理应受到尊敬时，向别人诚挚地致以敬意。

一个人获得成功之前，必须得到人们的尊敬，否则，他就无法赢得别人的合作。锋利的言辞，冷漠地对待他人的权利和感情，有意无意的怪癖——所有这些，都将使这个人得不到人们的尊敬，至少是很难得到人家的尊敬。

合作不能靠命令来维护。人们在完成合作的任务时，如果仅仅是因为害怕，或者出于经济上的不安全感，那么，这种合作的很多地方是不会令人满意的。因为，这种做法把合作的精神忽略了，而正是这种精神——心甘情愿的合作态度——对企业的成败具有重要的影响。

你的工作要得到别人的支持而不是反对，必须唤起别人合作的愿望，使他们直接或间接地看到自己的利益。人们都希望得到的是这样的一种赏识：承认他们正在做的工作是很有价值的，是值得花时间和精力去做的工作。他所做的事情，对他的人生旅程非常重要。

得到最佳合作的关键是给予人们与他们才能相称的、有意义的工作，并且承认和肯定他们迈出的每一步。这就强调了这一事实：要不断地得到合作，就必须让人们做有意义的事情。每一个事业有成的人，在成功的路上，都曾经得到别人许多帮助。因此我们应该把帮助别人作为回报，这是公平的游戏规则。

历史上有很多获得大成功的人，都是因为受到一个心爱的人或一个真诚的朋友的鼓励。如果没有一个自信十足的妻子苏菲亚，我们也许在伟大的文学家中找不到霍桑的名字。当他伤心地回家告诉她，他在海关的工作丢了，他是一个大失败者时，她却很高兴地说："现在，你可以写你的书了!"

"不错，"霍桑说，"可是我写作时，我们怎样维生?"

她打开抽屉，拿出一堆钱来。

"钱从哪里来的?"他嚷道。

"我知道你是天才，"她回答道，"我知道有朝一日你会写出一本名著来，所以我每周从家用中省下一笔钱，这些钱足够我们用一年的。"

由于她的自信，美国文学史上最伟大的一本小说《红字》产生了。

帮助别人成功，是追求个人成功的最保险的方式。每个人都有能力帮助别人，一个能够为别人付出时间和心力的人，才是真正富足的人。

如果一个人顶尖的成就让你感到其中也有自己的一份，你能够说："是我让他有今天。"这将是你最值得骄傲的经验。

帮助别人不仅利人，同时也能提升本身生命的价值，不论对方是否接受你的帮助，或是否感激你。

想想看，如果每一个人都帮助另外一个人，世界将变得多么和谐与美好！当然，我们每一个人也都会得到别人的帮助。

世上仅存的植物当中，最雄伟的，当属美国加州的红杉。红杉的高度大约是 100 米，相当于 30 层楼高。

科学家深入研究红杉，发现许多奇特的事实。一般来说，越高大的植物，它的根理应扎得越深。但科学家却发现，红杉的根只是浅浅地浮在地面而已。

理论上，根扎得不够深的高大植物，是非常脆弱的，只要一阵大风，就能将它连根拔起，可红杉又如何能长得如此高大，且屹立不摇呢？

研究发现，红杉必定生长在一大片的红杉林中，并没有独立壮大的红杉。这一大片红杉彼此的根紧密相连，一株接着一株，结成一大片。自然界中再大的飓风，也无法撼动几千株根部紧密连结，占地超过上千公顷的红杉林。除非飓风强到足以将整块地掀起，否则再也没有任何自然力量可以动摇红杉分毫。

红杉的浅根，也正是它能长得如此高大的利器。它的根浮于地表，方便快速而大量地吸收赖以成长的水分，使红杉得以快速茁壮，同时，它也不需耗费能量像一般植物扎下深根，用扎深根的能量来向上成长。

造物主在世界各地为人们留下成功的启示，只看我们是否能拥有细心的智慧去体会与领悟。红杉提供我们一个很好的方向，让我们广泛地伸出自己的学习触角，和广大的资讯网络结合，去吸收更丰富的成功知识及经验，来供应自己赖以迅速成长的养分，而不需耗费能量于独自盲目地钻研。成功不能只靠自己的强大。成功需依靠别人，只有能帮助更多人成功，你自己才能更成功。如红杉林根

第三章 开拓进取的卓越个性

81

部相连，以充分而紧密的合作关系，创造出屹立不摇的伟业。

如果你尚未壮大，不妨伸出你学习的根，和成功者紧密连结，加入成功、积极的团体，阅读成功者撰述的书籍，吸收他们的经验，了解成功者的态度，让自己更快速地成长。

只要你熟谙这项借力与合作的诀窍，很快地你将会成为成功之林的雄伟巨木。

我们有时也许激怒了他人，或者被人激怒。当你被人激怒，并且说了一大堆气话之后，你确实可以消除自己的愤怒情绪，让自己得到一些轻松，但是你想过他人没有？别人会怎样呢？他会分享你的一吐为快吗？

"假如你握紧双拳找上我，我想我也会不甘示弱。"伍德罗·威尔逊说道，"但是，假如你对我说：'让我们坐下来讨论讨论，如果我们意见不同，不同之处在哪里，问题的症结在哪里？那么，我是可能接受的。我们也许只在部分观点上不同，但大部分还是一致的。只要彼此有耐心，开诚布公，还是可以达到步调一致。"威尔逊的这番说法显然还不及小洛克菲勒。

远在 1915 年的时候，小洛克菲勒还是科罗拉多州一个不起眼的人物。当时，发生了美国工业史上最激烈的罢工，并且持续达两年之久。愤怒的矿工要求科罗拉多燃料钢铁公司提高薪水，小洛克菲勒正负责管理这家公司。由于群情激愤，公司的财产遭受破坏，军队前来镇压，因而造成流血，不少罢工工人被射杀。

那样的情况，可说是民怨沸腾。小洛克菲勒后来却赢得了罢工者的信服，他是怎么做的呢？小洛克菲勒花了好几个星期结交朋友，并向罢工者代表发表谈话。那次的谈话可谓不朽，它不但平息了众怒，还为他自己赢得了不少赞赏。演说的内容是这样的：

"这是我一生当中最值得纪念的日子，因为这是我第一次有幸能和这家大公司的员工代表见面，还有公司行政人员和管理人员。我可以告诉你们，我很高兴站在这里，有生之年都不会忘记这次聚会。假如这次聚会提早两个星期举行，那么对你们来说，我只是个陌生人，我也只认得少数几张面孔。由于上个星期以来，我有机会拜访整个南区矿场的营地，私下和大部分代表交谈过。我拜访过你们的

追求卓越的个性

家庭，与你们的家人见面，因而现在我不算是陌生人，可以说是朋友了。基于这份互助的友谊，我很高兴有这个机会和大家讨论我们的共同利益。由于这个会议是由资方和劳工代表所组成，承蒙你们的好意，我得以坐在这里。虽然我并非股东或劳工，但我深觉与你们关系密切。从某种意义上说，也代表了资方和劳工。"

多么出色的一番演讲，这可能是化敌为友的一种最佳的艺术表现形式之一。假如小洛克菲勒采用的是另一种方法，与矿工们争得面红耳赤，用不堪入耳的话骂他们，或用话暗示错在他们，用各种理由证明矿工的不是，你想结果会如何？只会招惹更多的怨愤的暴行。

假如人心不平，对你印象恶劣，你就是用尽所有基督理论也很难使他们信服于你。想想那些好责备的双亲、专横跋扈的上司、唠叨不休的妻子。我们都应该认识到一点：人的思想不易改变。你不能强迫他们同意你的观点，但你完全有可能引导他们，只要你温和友善。

以上是林肯在 100 多年前所说的话，他还说道：

这是一句古老而颠扑不灭的处世真理："一滴蜂蜜要比一加仑的胆汁能招引更多的苍蝇。"人也是如此，如果你想赢得人心，首先要让他人相信你是最真诚的朋友。那样就像有一滴蜂蜜吸引住他的心，也就是一条坦然大道，通往他的理性。

商界人士都知道，对罢工者表示出一种友善的态度是必要的。举例来说，怀特汽车公司的某一工厂有 250 个员工，他们因要求加薪而举行罢工。当时的公司总裁罗伯·布莱克没有采取动怒、责难、恐吓或发表霸道谈话的做法，而是在报刊上刊登了一则广告，称赞那些罢工者"用和平的方法放下工具"。由于发现罢工监察无事可做，布莱克便买了许多球棒和手套让他们在空地上打棒球。有些人喜欢保龄球，他便租下了一个保龄球场。

布莱克先生富于人情味的举动，得到的当然是富有人情味的反应。那些罢工者找来了扫把、勺子和垃圾推车，开始把工厂附近的纸屑、烟头、火柴等垃圾扫除干净。想得到吗？一群罢工工人在争取加薪、承认联合公司成立的时候，同时清除工厂附近的地面！这

83

在漫长、激烈的美国罢工史上是绝无仅有的。这次罢工终于在一星期内获得和解，并没有产生任何不快或遗恨。

著名律师丹尼·韦伯斯特被许多人奉若神灵。虽然他的声誉如日中天，但他那极具权威的辩论始终充满了温和的字眼，他的辩论中经常出现这些词语："这有待陪审团的考虑"、"这也许值得再深思"、"这里有些事实，相信您没有疏忽掉"、"这一点，由您对人性的了解，相信很容易看出这件事的重大意义"——没有恫吓，没有高压手段，没有强迫说明的企图。韦伯斯特用的都是最温和、平静、友善的处理方式，但仍不失其权威性，而这正是他成功的最大助力。

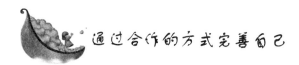

通过合作的方式完善自己

如要有心与人合作，善假于物，那就要取人之长，补己之短。真正的合作，能够取得成功的最佳方法，因此凡是卓越人士，都力图通过合作的方式完善自己。

青年人一定要注意，做事切不可独断专行，万事全包。因为一个人的能力是有限的，只有善于与人合作的人，能够弥补自己能力的不足，达到自己原本达不到的目的。善于完善自己的青年人也一定是有着良好习惯的人。

清末名商胡雪岩，自己不甚读书识字，但他却从生活经验中总结出了一套哲学，归纳起来就是"花花轿子人抬人。"他善于观察人的心理，把士、农、工、商等阶层的人都聚拢起来，以自己的钱业优势，与这些人协同作业。由于他长袖善舞，所以别的人也为他的行为所打动，对他产生了信任。他与漕帮协作，及时完成了粮食上交的任务。与王有龄合作，王有龄有了钱在官场上混，胡雪岩也有了机会在商场上发达。如此种种的互惠合作，使胡雪岩这样一个小学徒工变成了一个执江南半壁钱业之牛耳的巨商。

能力有限是我们每一个人的问题。但是只要有心与人合作，而且能互惠互利，让合作的双方都能从中受益。

通过别人实现自己的愿望这是一种智慧，虽然我们不能每个人都达到这一点，但每个人都可以与人合作，携手做出更大的事业。

但是有些年轻人却信奉另外的一种哲学。他们认为，财富总是有一定的限度，你有了，我就没有了。

这是一种享受财富的哲学而不是一种创造财富的哲学。财富创造出来固然是为了分享的，但是我们的注意力并不在这里，我们更关注的是财富的创造。

同样大的一块蛋糕，分的人越多，自然每个人分到口的就越少。如果斤斤计较这些，我们就会相信享受财富的哲学，我们就会去争抢食物。但是如果我们是在联手制作蛋糕，那么，只要蛋糕能不断地往大处做，我们就不会为眼下分到的蛋糕大小而倍感不平了。因为我们知道，蛋糕不在不断做大，眼下少一块儿，随后随时可以再弥补过来。而且，只要联合起来，把蛋糕做大了，根本不用发愁能否分到蛋糕。

过去农村闭塞，获取财富极端困难。一生中难得有一桌一椅一床一盆儿一罐。所以那时农村分家是件很困难的事情。兄弟妯娌间为了一个小罐、一张小凳子，便会恶语相向，乃至大打出手。这是一种典型的分财哲学。

后来人们走出来了，兄弟姊妹都往城里跑，财富积累越来越多。回过头来，发现各自留在家里的亲眷根本犯不着为一些鸡毛蒜皮儿的事生气。相反，嫂子留在家里，属于弟弟的田不妨代种一下，父母留在家里，小孙子小外孙也不妨照看一下。相互帮助，尽量解除出门在外的人的后顾之忧。反过来，出门人也会感谢老家亲戚的互相体谅和帮助。一种新的哲学也就诞生了，这种哲学就是——你好，我也好，协作起来更好。

青年人，首先要搞好人际关系，养成与人合作的良好习惯。才会在事业发展中获得他人的帮助，才能与他人携手共建未来。

朱光潜曾告诫年青人，与人合作，品质是最主要的。朱光潜养成合作的习惯还不算成功，更重要的是要有好的品质来维系这一合作习惯，使之不断完善和提高的。

做人应以诚为本，合作中亦然。只有真诚才能赢得别人的信赖。

荀子说："人，力不若牛，走不若马，而牛马为所用，何也？曰：人能群，彼不能群也。"

　　既然与人交往是人的一种本能，与人合作又是快乐的源泉，那应从把它融于生活之中，建立良好的社会关系，在合作中体味成功的快乐，展现良好的品格。

第四章　信念执著的卓越个性

　　一生做好一件事，这看似简单却非易事。的确，在人的一生中，也不是一帆风顺的，只有百折不回的人，才会有成功的命运。

谨记自己的人生使命

卓越人士到任何时候都不会忘记自己的人生使命。

前美国最高法院大法官霍姆斯曾说过这样一句话："身外之物和内在力量相比，便显得微不足道。"

这句话是什么意思呢？其实这句话的意思并不深奥，在你心烦意乱、茫无所从时，请找个僻静不受干扰的角落，抛开一切杂念，敞开心扉，做一段心灵之旅。

人生的最终期许，可以发掘人们心底最根深蒂固的价值观，间接触及影响圈的核心部分。从此时此刻起，一举一动，一切价值标准，都必须以人生的最终使命为依托。也就是由个人最重视的期许或价值来决定一切。我们应该时时刻刻把人生使命谨记在心，每一天都要朝此迈进，不敢有丝毫违背。

确认使命也意味着，着手做任何一件事前，先认清方向。这样不但可对目前所处的状况了解得更透彻，在追求目标的过程中，也不致误入歧途，白费工夫。

人生旅途，岔路很多，一不小心就会走冤枉路。许多人拼命埋头苦干，却不知所为何来，到头来仍然发现追求成功的阶梯搭错了墙，为时已晚。因此，人们也许很忙碌，却不见得有意义。

很多人成功之后，反而感到空虚；得到名利之后，却发现牺牲了更可贵的事物。上至达官显贵、富豪巨贾，下至平头小民、凡夫俗子，无人不在追求更多的财富或更高的事业地位与声誉，可是名利往往蒙蔽良知，成功每每须付出昂贵的代价。因此，我们务必掌握真正重要的远景，然后勇往直前坚持到底，使生活充满意义。

以建筑为例，在拿起工具建造之前，必须先有详尽的设计图，而绘出设计图之前，须先在脑海中构思每一细节。有了设计图，然后有施工计划，这样按部就班，才能完成建筑。假使设计稍有缺失，弥补起来，可能就事倍功半。设计蓝图代表远景，整个建筑过程均以它为准绳，因此宁可事先追求尽善尽美，以免亡羊补牢。

创办企业也是同样道理。要想经营成功，必须先确定产品或服务可达到的营运目标，然后综合资金、研究发展、生产作业、行销、人事、厂房设备等方面资源，朝远景努力前进。许多企业都败在事先规划不周，以致资金不足，或对市场认识不清上。

先构思而后行动的原则适用范围极广。比方出门旅行，要先决定目的地与路线；上台演讲，应先预备讲稿；做衣服，要先设计款式。明白这个道理，把订定使命看得与行为本身同样重要，影响圈就会日渐扩大。

不过，"使命"不见得都是有意识的产物。有些人自我意识薄弱，只知遵循家庭、社会或环境所赋予的使命前进。这类使命多半出于个人主观好恶，不符合客观原则。它之所以被接受，乃由于有些人依赖心过重，深怕不顺从别人的要求便会失去爱，因而必须靠别人来肯定自我价值。

人生使命须以终为始，以终为始时始终如一的执行，是以自我领导的原则为基础的，领导与管理的差异就好比思想与行为。管理是有效地把事情做好，领导则是确定所做的事是否正确；管理是在成功的阶梯上努力往上爬，领导则指出所爬阶梯是否靠在正确的墙上。

要理解两者的区别不难。想象一下，一群工人在丛林里清除矮灌木，他们是生产者，解决的是实际问题。管理者在他们后面拟定政策，引进技术，确定工作进程和补贴计划。领导者则爬上最高处，巡视全貌。

尤其在飞速发展的世界中，有效的领导比以往更显得重要。我们需要方针，需要指挥。面对纷扰不已的世界，谁也难以预料未来的发展，这时惟有依靠自己的判断行事。而使命——也就是心中的罗盘——能使你判断正确。

成功——甚至可说求生存的关键——并不完全取决于流了多少血汗，而在于努力是否得法。因此对各行各业而言，领导都重于管理。

企业方面，市场瞬息万变，领导者必须不断密切注视环境的变化；特别是消费者的购买习惯和购买心理，以使企业保持正确的发展方向。

工业方面也是这样。领导者若不注意外部环境的变化，管理技能再好也不能使他们免于破产。缺乏有效领导的高效率管理，有人称之为"就像在泰坦尼克号轮船上拉开躺椅"。无论管理多么成功，都不能弥补领导的失败。不过领导的确是很难的，因为我们常常陷于管理的圈子难以自拔。

所以说，到任何时候千万不要忘记自己的使命。

 ## 不怕失败，始终如一地寻找机会

卓越人士不怕失败，他们善于失败后再去寻找机会，不管失败多少次都可以从头开始。只有你能发现机会，从而把失败与挫折转变为成功。也就是说不管失败多少次都可以从头开始。

电影大亨高德温曾经说："我想所谓运气，就是能察觉机会所在并能即时掌握。人人都有时运不济的时候，但人人也都有机会。败而不馁，掌握机会，就能成功。"能稳操胜券者从不等待幸运女神来敲门，他们深知所谓幸运其实是自己创造的。事业有成就的人也知道霉运是消极思想所形成。反之，开放而乐观的态度能造成良性循环，制造出更多的幸运。

人生充满机会，只是看我们是否善于把握。英国著名小说家艾略特曾经写道："生命巨流中的黄金时刻稍纵即逝，除了砂砾之外我们别无所见；天使前来探访，我们却当面不识，失之交臂。"20世纪的美国人也有一句俗谚："通往失败的路上处处是错失了的机会。"

坐待幸运从前门进来的人，往往忽略了从后窗进入的机会。

玛娇丽就是这样一个人。她在一家小型公司谋得一份好差事，可是上司要她做一件不在她职责范围内的工作，她拒绝了。不久以后，在另一个部门的一位同事问她愿不愿意尝试那个部门的工作，她再度回绝。玛娇丽不愿担负其他任何任务，除非加她的薪，升她的级。她没有认出送到她眼前的机会。假使她接受新任务并且顺利完成，她就极有资格要求加薪和升级了。结果部门经理认为她不思进取，不愿成长。我们常把机会拟人化，误以为幸运之神真的存在，许多人就坐待机会来敲门。可惜的是，机会从来不会自动前来敲门。不管你等待多少年，也听不到它的敲门声。原因是，机会并非外界的生存实体，它在你的内心之中，你就是机会。

只有你能制造机会。只有你能锻炼自己的能力来利用机会。只有你能发现机会，从而把失败与挫折转变为成功。

有些人给机会下了偏狭的定义，认为是指一笔交易成功或职务升迁。其实机会涵盖的范围很广，它意味着众人皆陷入消极的泥潭中时，你却能寻出一条积极思考的途径。机会是在强大压力之下圆满完成任务；机会是不卷入办公室里的勾心斗角；机会是不受紧张、冲突和自疑的牵绊；机会是接纳自己的一切，求得内心的宁静，并享受充满自信的愉悦。

朝着一个值得努力的目标前进，尽量利用造物主慷慨赐予你的才华和能力，机会就在其中。

1. 当你不再打击自己，自然就会开始认清机会所在。

2. 当你不再担心别人怎么想，就会开始发掘出无穷的机会。

3. 当你不再想象着前途无量，你就会开始掌握机会。

4. 当你不再为昔日的挫败烦恼，就会开始为自己创造机会。

记住，任何人都有失意和挫折的时候，但是人人也都有丰富的潜力。不快乐的人只看见他的错误和弱点，满心喜悦的人则专注于自己内心的创造力。

你怎样为自己创造机会？你要不断地探索、发现并且适应新来乍到的机遇。

更重要的是，你要保持心胸开阔与乐观。不久你就会听到机会在敲门，不是敲你的前门，而是叩你的心扉之门。

机会来临时，许多人闭门不纳。他们不知道机会稍纵即逝。抱着凡事明天再说的想法，永远达不到目标。你等待的船支不会在未来某一个未知的时刻驶来。把眼前唾手可得的乐趣推拖到下周或明年是一种浪费，你只在眼前、今天、此刻拥有这个机会。

期待明天或不久之后出现奇迹！是不切实际而且必然失败的想法，尤其是期待别人为你制造奇迹。依赖自己的才华、自己的决心、自己的信念，才能创造出自己的成就。

因此，机会正等着你去创造，你只需要开始享受工作乐趣即可。你拥有一切基本自由，诸如更换工作、接受教育、接受训练、开创事业、创新产品或提供更佳服务等。

人间处处是机会，但只有那些预做准备的人才能认出机会并加以有效地利用。未经妥善准备，任何人都无法看出或利用优势。请记住，机会往往乔装成问题而出现。

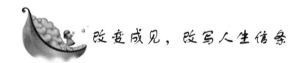 改变成见，改写人生信条

美国的潜能大师史蒂芬·柯维在《高效能人士的七个习惯》中说每个人在其成长过程中承袭了许多来自他人的"人生信条"，也就是价值观与其他方面的制约。要掌握自己的人生，就得改写这些信条，或者改变既有的成见。

已故埃及总统萨达特曾写过一本自传，讲述了一个最令人振奋的改写人生信条的故事。萨达特是在仇恨以色列的环境中长大成人的，一度以仇恨以色列来调动民众的意志。这个信条有很强的独立性和浓厚的民族主义，但它也是愚蠢的，忽视了当今世界相互依存的事实。萨达特也知道这一点。

于是，萨达特决心改写自己的人生信条。因为参与推翻法鲁克国王，他被关进了监牢。在那里，他学会了从旁观者的角度来观察自己，反躬自省，改造自我。

当终于成为埃及总统时，他改变了自己对以色列的态度。他访问了耶路撒冷的以色列国会，开启世界历史上最勇于突破先例的和平运动，而这一大胆的行为最终产生了戴维营协议。

萨达特利用他的独立意识、想象力和良知进行自我领导，改写了自己的"人生信条"，影响了数百万人的生活。

　　当我们承袭的"人生信条"有违我们的生活目标时，我们能够利用想象力和创造力书写新的信条，它将更为符合我们内在的价值观。

　　人人都可以排除外来不合宜的价值观与其他制约，由此建立自己的价值观与方向和对生命的责任心，来改写人生信条，让自己的人生真正符合自己的意愿。于是，日常生活一旦出现困难，你就可以根据个人价值观决定应对之道。

　　人生信条就是认定自己的人生哲学或基本信念，然后写一份个人使命宣言。宣言中应包括自我期许与基本价值观，内容往往因人而异。如下就是一位朋友的个人信条：

1. 家庭放在第一位。

2. 以诚信为本。

3. 在未听取所有人的意见时，不妄下断语。

4. 诚恳征求他人意见。

5. 诚恳但立场坚定。

6. 每年掌握一种新技能。

7. 今天计划明天的工作。

8. 抓紧等待的时间。

9. 态度积极，保持幽默。

10. 生活与工作有条不紊。

11. 别怕犯错——怕的是不能记取教训。

12. 协助属下成功。

13. 多请教别人。

14. 珍惜现在。

对于一位希望兼顾家庭与事业的妇女，她的使命感便不尽相同：

1. 兼顾事业与家庭，因为两者对她都很重要。

2. 家庭是平安、祥和与幸福之地，她要以智慧来创造整洁温馨的环境，并教导子女有爱心、进取与充满欢愉，培养他们成长。

3. 珍惜民主社会的权利与自由，善尽社会一分子的责任。

4. 积极主动追求人生目标。

5. 避免养成恶习，不断改进自己。

93

6. 金钱是人的奴隶而非主人。我要追求经济独立，量入为出，并定期储蓄或投资一部分收入。

凡是心中秉持恒久不变真理的人，才能屹立于动荡的环境中。因为一个人的应变能力取决于他对自我、目标以及价值观的不变信念。确立个人使命之后，我们就不必借助成见或偏见来面对变局，如此一来，便能保持安全感。世界变动太快，许多人难以适应，因而选择了退缩与放弃，其实人生不必如此消极。弗兰克尔在纳粹死亡集中营中，不仅觉悟到积极主动的真谛，还体会到生命意义的重要。后来他提倡一种"标记疗法"，基本理论便是：许多心理与情绪疾病事实上只是失落感、空虚感在作祟。标记疗法可以协助病人找回生命的意义与使命，以消除内心的空虚。

这样你的人生信条应该是完美的，因为你把你要做的一切都包含于其中了。

建立明确固定的生活重心

人人都有生活重心，即使不一定意识得到，但它依旧存在。卓越人士会把生活主次轻重分得一清二楚，也就是他们重视生活重心。美国的潜能大师史蒂芬·柯维把生活重心分成以下九种：

1. 以家庭为重心：以家庭为重的现象十分普遍，而且似乎理所当然。家的确带来爱与被爱、同甘共苦以及归属的感觉，但过分重视家庭，反而有害家庭生活。太仰赖家庭提供安全感及价值感，太重视家族传统与名誉，通常无法接受任何可能影响这些传统与声誉的改变。以家庭为重的父母，不能为子女的真正幸福着想，他们的爱往往是有条件的。结果若非导致子女更为依赖，就是变得叛逆。

2. 以配偶为重心：婚姻可以说是最亲密持久、最美好可贵的人际关系，因此以丈夫或妻子为生活重心，再自然不过了。

根据一位多年担任婚姻顾问的资深教授的经验，以配偶为重心的婚姻关系，多半发生情感过度依赖的问题。太过于重视婚姻，会使人的情感异常脆弱，经不起些许打击，甚至无法面对如新生儿降临或经济窘迫等变化。

婚姻会带来更多的责任与压力，一般人通常根据以往所受的教养来应付。然而两个背景不同的人，思想必定有差异，于是乎诸如理财、教养子女、与双方家里人相处的问题，都会引起争执。若再加上其中一方情感难以独立，这桩婚姻便岌岌可危。如果我们一方面在情感上依赖对方，一方面又与对方有所冲突，就极易陷入爱恨交织、进退失据的矛盾中。为了保护自己，便更加退缩及排斥对方。于是，冷嘲热讽代替了真实的感受，感情用事的结果是失去了方向、智慧与力量。纵使表面似乎保住了安全感，实则不然。

3. 以工作为重心：只知埋头苦干的"工作狂"，即使牺牲健康、家庭与人际关系也在所不惜。他的生命价值只在于他是个医生、作家或演员……一旦无法工作，便失去所有的生活意义。

4. 以金钱为重心：谁也无法否认钱的重要，经济上的安全感也是人类最基本的需求之一，因此追求财富无可厚非。但若惟利是图，往往得不偿失。

如果一个人的安全感与价值观完全建立在金钱的多寡上，势必寝食难安？因为影响财富的变数太多，任何一个闪失都令人承受不起。但是钱却不能带来智慧或指引生命的方向，只能提供有限的力量与安全感。

5. 以自我为重心：他们最明显的特征就是自私自利。然而，市面上盛行的个人成功术，无一不以个人为中心，标榜只索取不付出。殊不知狭隘的自我中心观，会使人缺乏安全感和人生方向，而且也不会有智慧及行动力量。惟有为造福人群、无私奉献而追求自我成长，才能在这四方面有所长进。

6. 以名利为重心：占有欲极强的人，想据为己有的不仅是有形的物质，如汽车、洋房、华服等等。无形的名誉、荣耀与社会地位也决不放过。

我们都知道名利不可依靠，因为它们随时可以毁于一旦。一个人若必须靠名利与物质来肯定自我，必定时时处于惶惶不安的状态中，深恐身外之物转眼成空。当他们面对条件比自己更好的人，便相形见拙。见到略逊一筹的人，又趾高气扬。如此一来，自我价值起伏不定，永无宁日。难怪有人在股票大跌或政坛失意后，会选择自戕一途。

7. 以敌人或朋友为重心：青少年尤其容易陷于以朋友为重心的情结中。为了被同行团体接纳，他们愿付出一切代价；对团体的所有价值观，也都照单全收，因而极为依赖团体。

以朋友为重心，可能只针对一个人而言，情况类似以配偶为重心。也就是完全为对方而活，导致的不良后果则大同小异。

以敌人为重心，似乎少有所闻，其实这种现象相当普遍，只是不易被察觉罢了。当某人觉得遭到上司的不公平待遇后，很容易耿耿于怀，所作所为都为了要反抗待他不公的人。这就是以敌人为生活重心。

一位工厂的技术员，由于与主任交恶，便终日以对方为敌，几乎到了走火入魔的地步，最后逼得他不得不选择离开。

有人问他："如果不是那位主任，你宁愿继续留下来，对不对？"

他回答："是的，可是只要他在一天，我便永远不得安宁，只好另谋高就。"

"你为什么让他成了你生活的重心？"

技术员被这个问题震住了，矢口否认。如果把道理分析清楚，就不难看出他咎由自取。技术员起先只承认主任的确对他影响很大，但认为错在对方。

有些离婚的人，仍念念不忘对前夫前妻的深仇大恨；有些已成年的子女，仍为父母当年的忽视、偏心或责骂而愤愤不平，这也都是以敌人为重心。

以朋友或敌人为重心的人没有安全感。他们的价值观变化无常，受制于他人的情绪和行为，时时揣摩如何反击。这样的个人是没有力量的，时时被别人牵着鼻子走。

8. 以享乐为重心：在当前崇尚速成的世界里，享乐之风盛行，不足为奇。电视与电影喂大了观众的胃口，然而银幕上的浮华生活，骨子里并不如表面上看起来那般美好光鲜。

真正的快乐可使人身心舒畅，短暂的刺激却丝毫不能给人持久的快乐与满足。贪图享乐的人很快便会对既有的刺激感到乏味，然后就得追求更刺激的快感"。

休太长的假，看太多的电影、电视，打太多的电子游戏，长久无所事事，都只是浪费生命。无益于增长智慧，激发潜能，增进安全感或指引人生，只不过制造更多的空虚而已。

马科利奇在《二十世纪的圣经》中写到：

回忆旧日生活，对我触动最大的是，当时看上去十分重要、十分吸引人的事，现在看来微不足道，荒唐可笑。比方，各种各样的成功、名气和赞誉；得到金钱或吸引女人后的欢愉；旅行，像撒旦那样上下沉浮，经历着浮华世界里的一切。回想起来，所有这些满足都已虚无缥缈。

9. 以宗教为重心：有人对宗教活动极为热衷，甚或没有宗教信仰，言行却更合乎宗教劝人向善的宗旨。

一般而言，我们都是以上某几种形态的混合体，随外在情势的不同而有所调整。此一时可能以朋友为重心，彼一时或许又变为以配偶为重心。

生活重心如此摇摆不定，情绪上难免起起落落，一会儿意兴风发，一会儿颓唐沮丧；一会儿斗志昂扬，一会儿又落魄消沉。

所以，最理想的状况还是建立明确固定的生活重心，使人生更平顺、更和谐。这样还有什么不成功的呢？

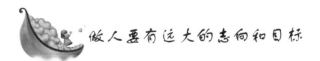

做人要有远大的志向和目标

"大丈夫有泪不轻弹"、"男儿膝下有黄金"是古时候教导人立志的话语。话虽然俗了点，却道出了一个亘古不变的道理，做人要有远大的志向和目标，并以此为毕生追求。

在《读者》上刊登了这样一篇文章：

北京一所名牌高校的老师，36 岁便是博士生导师。当接受记者采访时说："别的没什么好说的，我只跟你讲一个小故事，也许对读

者还有点益处。"他说——

　　我母亲是我 7 岁那年去世的,继母来到我家的那一年我 11 岁了。刚开始,我不喜欢她,大概有两年的时间我没有叫她"妈",为此,父亲还打过我。可越是这样,我越是在情感中有一种很强烈的抵触情绪。然而,第一次喊她"妈",却是我第一次也是唯一的一次挨她打的一天。这天中午,我偷人家院子里的葡萄时被主人给逮住了。主人的外号叫二胡子,我平时就特别畏惧他,如今在他的跟前犯了错,我吓得浑身直哆嗦。二胡子说,今天我也不打你不骂你,你只给我跪在这里,一直跪到你父母来领人。听说要我跪下,我心里确实很不情愿。二胡子见我没反应,便大吼一声:"还不给我跪下!"迫于他的威慑,我战战兢兢地跪了下来。这一幕,恰巧被我的继母给撞见了。她冲上前,一把将我提起来,然后,对二胡子大骂道:"二胡子,你简直是一个王八蛋!"继母平时是一个没有多少言语的性格内向之人,突然如此震怒,让二胡子这样的人也不知所措我也是第一次看到继母性情中另外的一面。

　　回家后,继母用尺子狠狠地抽打了我的屁股,边打边说:"你偷摘葡萄我不会打你,哪有小孩不淘气的!但是,别人让你跪下,你就真的跪下?你知道吗?膝下有黄金,膝下有黄金呀!像你这样,将来怎么成人?将来怎么成事?"继母说到这里,突然抽泣起来。我尽管只有 13 岁,但继母的话在我的心中还是引起了震撼。我猛地抱住了继母的臂膀,哭喊道:"妈,我以后不这样了。"

　　这个小故事似乎只是我情感中的一个细节,但随着我年龄的增长,它渐渐成了我生命的主题。

　　"膝下有黄金",继母的话一直深刻地影响着我。一个人,只有捍卫了自己的尊严,信念才不会缺失。人生的阵地才不会陷落。

　　"膝下有黄金",使我们看到那位博士生导师以终为始所追求的。

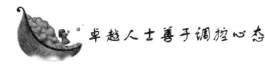

卓越人士善于调控心态

卓越人士善于调控心态。因为他们知道心态是人情绪和意志的控制塔，是心态决定了行为的方向与质量。我们可以做一个简单的试验：

在一个大教室里，如果你周围有熟人、朋友，也有你不认识的人。当要求每一个人与四周的人握手致意时，人们将怎样想怎样做呢？有的热情，有的勉强，有的做得好，有的做得不好；有的就只找认识的人，否则就不愿做……

握手应该人人都会吧，既不需要知识、阅历，更与智商技能无关，而仍然质量参差，因人而异，就因为握手的对象不同时，你的心态不同。

心态就是内心的想法，是一种思维的习惯状态。荀子说："心者，形之君也，而神明之主也。"意即"心"，是身体的主宰，是精神的领导。

心态使人做出超常的行为。战国时卫国有一个叫弥子瑕的人，因为长得俊美而深得卫王宠爱，被任命为侍臣，随驾左右。有一次，弥子瑕因为母亲生病，就私驾卫王的马车回家探视。按当时卫国的法律，私下使用大王车马者，当处以斩断双脚的刑罚。

卫王知道此事后，不但没有处罚弥子瑕，反而称赞他：

"子瑕真孝顺啊！为了生母的病，竟然忘了刑律。"

又有一天，弥子瑕陪同卫王游果园，弥子瑕摘下一个桃子，吃了一半，另一半献给卫王。卫王高兴地说：

"子瑕真爱我啊！好吃的桃子不愿独享，献给我吃。"

多年以后，弥子瑕年老色衰，卫王就不喜欢他了。有一次，弥子瑕因小事不慎，卫王就生气地说："弥子瑕曾经私驾我的车，还拿吃剩的桃子给我吃。"在数落弥子瑕的罪状之后，就罢免了他。

卫王对弥子瑕同一桩事情前后的不同态度，就是因为卫王的心态不同了。"情人眼里出西施"、"爱屋及乌",这些不平常的举动,就是心态在起作用。

古人说:"哀莫大于心死。"又说:"兵强于心而不强于力。"这都是在强调心态的极端重要性。生活中随时可见不同的人对同样一件事持有不同的看法,并且都能成立,都合逻辑。比如同样是半杯水,有人说杯子是半空的,而另一个人则说杯子是半满的。水没有变,不同的只是心态。心态不同,观察和感知事物的侧重点就不同,对信息的选择就不同,因而环境与世界都不同。心态给人带上了有色眼镜和预定频段的耳机,人们于是只看到和听到他们"想"看和"想"听的。

从这个意义上说,我们的境遇并不完全是由周围的环境造成的。

犹太裔心理学家弗兰克在二战期间曾被关进奥斯维辛集中营三年,身心遭受极度摧残,境遇极其悲惨。他的家人几乎全部死于非命,而他自己也几次险遭毒气和其他惨杀。但他仍然不懈地客观地观察、研究着那些每日每时都可能面临死亡的人们,包括他自己。日后他据此写了《夜与雾》一书。在亲身体验的囚徒生活中,他还发现了弗洛伊德的错误。作为该学派的继承人,他反驳了自己的祖师爷。

弗洛伊德认为:

人只有在健康的时候,心态和行为才千差万别。而当人们争夺食物的时候,他们就露出了动物的本性,所以行为显得几乎无以区别。

而弗兰克却说:

"在集中营中我所见到的人,完全与之相反。虽然所有的囚徒被抛入完全相同的环境,但有的人消沉颓废下去,有的人却如同圣人一般越站越高。"

有一天,当他赤身独处囚室时,忽然顿悟了一种"人类终极自由",这种心灵的自由是纳粹无论如何也永远无法剥夺的。也就是说,他可以自行决定外界的刺激对本身的影响程度。因此"什么样的饥饿和拷打都能忍受"。"在任何特定的环境中,人们还有一种最后的自由,就是选择自己的态度。"这也就可以解释,为什么有的高僧一年四季只穿件单薄的衲衣而无严寒酷暑之苦；高士伟人镇定自若，"泰山崩于前而色不变，猛虎趋于后而心不惊"；关羽中毒箭！华佗为其无麻醉刮骨，铮铮有声，而关公一边接受"治疗"，一边谈笑风生，与人对弈。这完全验证了"幡动？心动！"的禅门机锋。说到底环境对人的影响程度完全取决于自己，如何看待人生，也完全由自己决定，由我们的心态决定。

同样是身临囹圄，民族英雄文天祥的遭遇和结果与弗兰克不同，但都能在一种稳定的心态下，使自己的人格得到最终的维护。

文天祥被俘后，元朝统治者费尽心机劝降，均告失败。于是重枷大镣，把文天祥囚禁起来，企图通过肉体折磨使他屈服，一关就是四年。

文天祥所处的牢房，是一间低矮狭小、昏暗潮湿的小屋，老鼠成群，恶臭四溢；夏秋之际，度日尤为艰难。"或时日呆呆，或时雨淋淋，方如坐蒸甑，又似立烘煨，水火交相禅，益热与益深。酷罚毒我肤，深忧烦我襟。"

但这种肌肤之痛，文天祥等闲视之，丝毫没有动摇报国的坚强意志。他在被囚中吟哦不绝，以诗歌作为斗争的武器，"如精钢之金，百炼而弥劲。"

他在《偶成》诗中写道：

昨朝门前地少裂，今朝床下泥尺深。

人生世间一蒲柳，岂堪日炙复雨淋。

起来高歌赋离骚，睡去细和梁父吟。

已矣已矣为何道，犹有天地知吾心。

他向往屈原的九死无悔，嘉叹孔明的鞠躬尽瘁。文天祥把生活环境中包围着他的邪恶之气，归结为七种之多：

水气、土气、日气、火气、米气、人气、秽气。"当此夏时，诸气萃然"，而自己是"狱中孤愤长"，"孤臣腔血满"，只凭着一股浩然之气（心态），"俯仰其间，幸而无恙"。他豪迈地宣称，"彼气有七，吾气有一，以一敌七，吾何患焉。"于是奋笔写出了那篇义薄云天、光耀古今的不朽诗篇——《正气歌》。

文天祥最终视死如归，舍生取义，实践了自己"人生自古谁无

第四章　信念执著的卓越个性

死；留取丹心照汗青"的伟大誓言。后人赞道：

"忠肝义胆不可状，要与人间留好样。"这就是文天祥的心态，文天祥的选择。

深禅师和明和尚云游四方，这天夕阳西下，他们来到了淮河边上。

一个渔人正在收网，满河的水都被夕阳映红了，那些入了网的鱼儿跳跃着，闪闪发光。

渔人边拉网边说道：

"罪过罪过，在师父们面前做这种活儿。"

明和尚闭目说道：

"俗家也要养家活口，阿弥陀佛！"

忽然，有条鱼儿身子一跃过网，仿佛箭一般跳入水中。

深禅师看在眼里，对明和尚说道："明兄，真机灵啊！它完全像个禅僧。"

明和尚对着那泛起涟漪的水面，回答道："虽然这样，还不如当初别撞进罗网里更好。"

深禅师笑了起来，说："明兄，你省悟得还不够哩。"

明和尚一直不明深禅师的话，半夜仍在河边徘徊思索。

河水闪着幽幽的光静静向前流去——是了，是了，那鱼儿进了网里与没进网里，只是外在的区别，实质性都丝毫没变啊！

正如安东尼·罗宾所说："除非我的意识同意，否则任何事物都无法影响我！"

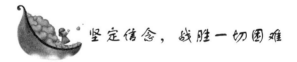

坚定信念，战胜一切困难

生活中人所处的绝境，在很多情况下，并不都是生存的绝境，而是一种精神的绝境；只要你不在精神上垮下来，外界的一切都不能把你击倒。希望带来美好，美好的希望更是让人激动，让人无限憧憬。一个人只要对未来充满希望，坚持实现希望的信念，还有什

么困难不能克服？又有什么理由怀疑自己的明天？

美国著名心理学家马丁加拉德曾作过一个实验：让一死囚躺在床上，告之将被执行死刑，然后用一个小木片在他的手腕上划了一下，接着把事先准备好的一个水龙头打开，让它向床下的一个容器中滴水。伴随着由快到慢的滴水节奏，那个死囚昏了过去。

这一实验告诉人们：信念才是人生的真谛。

米歇尔曾经是一个不幸的人。

一次意外事故，把他身上 65% 以上的皮肤都烧坏了。为此，他动了 16 次手术。手术后，他无法拿起叉子，无法拨电话，也无法一个人上厕所，但以前曾是海军陆战队员的米歇尔从不认为他被打败了。他说："我完全可以掌握我自己的人生之船，我可以选择把目前的状况看成倒退或是一个起点。"6 个月之后，他又能开飞机了！

米歇尔为自己在科罗拉多州买了一幢维多利亚式的房子，又买了房地产、一架飞机及一家酒吧，后来他和两个朋友合资开了一家公司，专门生产烧木柴的炉子，这家公司后来成为佛蒙特州第二大私人公司。

在米歇尔开办公司后的第四年，他驾驶的飞机在起飞时摔向跑道，把他的十二节脊椎骨压得粉碎，腰部以下永远瘫痪！"我不解的是为何这些事儿老是发生在我身上，我到底是造了什么孽，要遭到这样的报应？"

但此时的米歇尔仍选择不屈不挠，丝毫不放弃，还日夜努力使自己能达到最高限度的独立自主，他被选为科罗拉多州孤峰镇的镇长，负责保护小镇的美景及环境，使之不因矿产的开采而遭受破坏。米歇尔后来又竞选国会议员，他用一句"不只是另一张小白脸"的口号，将自己难看的脸转化成一项有利的资产。

尽管面貌骇人、行动不便，米歇尔却坠入爱河，且完成终身大事，也拿到了公共行政硕士证书，并坚持他的飞行活动、环保运动及公共演说。

米歇尔说："我瘫痪之前可以做 10000 件事，现在我只能做 9000 件，我可以把注意力放在我无法再做的 1000 件事上，或是把目光放在我还能做的 9000 件事上。我的人生曾遭受过两次重大的挫折，如

第四章　信念执著的卓越个性

果你与我一样能选择不把挫折拿来当成放弃努力的借口，那么，或许你们可以用一个新的角度，来看待一些一直让你们裹足不前的经历。你可以退一步，想开一点，然后你就有机会说：'或许那也没什么大不了的！'"

人们都十分钦佩身残志坚的人，为什么？因为身强力壮的人往往没有一种激发自己的热情的方式。有个朋友曾经讲过这样一个故事：

比赛尔是西撒哈拉沙漠中的一个小村庄，从村庄走出沙漠，一般只需要3天3夜。奇怪的是，在英国皇家学院院士肯莱文发现它之前，当地无人走出过大沙漠。他们不是不愿意离开这块贫瘠的土地，而是尝试多次均以失败告终。肯莱文非常纳闷，于是雇了一个比赛尔人，让他带路，一探究竟。他们准备了一个多月的食品，牵上两匹骆驼就出发了。10天过后，他们走了大约800千米的路程，第11天的早晨，他们果然又回到了比赛尔。肯莱文终于明白，比赛尔人之所以走不出大沙漠，是因为他们根本不认识北极星。肯莱文告诉那位比赛尔人，只要白天休息，夜晚朝着北面那颗最亮的星星行走，就能走出沙漠。对方依言行事，果然成功走出了沙漠。

这则故事引起了朋友的思考，让他有些感慨："我就像在沙漠中转圈的比赛尔人，每天忙忙碌碌的，说平淡也好，说浑浑噩噩也好吧，没有什么区别。有时走过长长的楼道，感觉内心荒草丛生，再没什么雄心壮志，荒漠般的人生已使我麻木，对绿洲的渴望像一个遥远的梦，指引我的北极星又在何方？"

这位朋友是大学法律系教师，一拨拨的学生在他的培养下走出校园，或者出国深造，或者功成名就。此外，他兼营一家律师事务所，生活富裕，拥有豪宅靓车。他应当很有成就感，却竟有如此感言，那么，庸庸碌碌的工薪阶层呢？

多年以前，美国曾有一家报纸刊登了一则园艺所重金征求纯白金盏花的广告词，在当地轰动一时。高额的资金让许多人趋之若鹜，但在自然界中，金盏花除了金色的就是棕色的，能培植出白色的，不是一件易事。所以许多人一阵热血沸腾之后，就把那则广告词抛到九霄云外去了。

一晃就是 20 年，一天，那家园艺所意外地收到了一封热情的应征信和一粒纯白金盏花的种子。当天，这件事就不胫而走，引起了轩然大波。

寄种子的原来是一个年逾古稀的老人。老人是一个地地道道的爱花人。20 年前当她偶然看到那则启事后，便怦然心动。她不顾 8 个儿女的一致反对，义无反顾地干了起来。她撒下了一些最普通的种子，精心侍弄。一年之后，金盏花开了，她从那些金色的、棕色的花中挑选了一朵颜色最淡的，任其自然枯萎，以取得种子。次年，她又把它种下去。然后，再从这些花中挑选出颜色最淡的花种栽种……日复一日，年复一年。终于，20 年后的一天，她在那片花园中看到一朵金盏花，它不是近乎白色，也并非类似白色，而是如银如雪的白。一个连专家都解决不了的问题，在这位不懂遗传学的老人手中迎刃而解，难道这不是奇迹吗？

当年曾经那么普通的一粒种子，也许谁的手都曾捧过，只是少了一份对希望之花的坚持与执著，少了一份以心为圃、以血为泉的培植与浇灌，才使你的生命错过了一次最美丽的花期。

只要我们怀抱一种信念，心中有一颗希望的种子，那么，就一定能创造出奇迹。

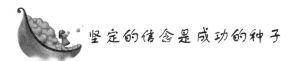 坚定的信念是成功的种子

信念说起来似乎是一个很模糊的东西，有的人一辈子都没有弄明白信念是什么。一个没有信念或是不坚持信念的人，一生都只能平庸地度过；而一个坚持自己信念的人，不但不会被困难击倒而是坚持付出，就可能获得意想不到的成功。因为，坚定的信念是成功的种子，它可以改变困境，可以让一个人从失败走向成功。

岛村芳雄是丸芳物产公司董事长，当年他背井离乡来到东京的一家包装材料店做店员时，年薪只有 18 万日元。这些钱不仅要应付岛村自己的生活，还要养活远在老家的母亲和 3 个弟妹。因此，岛

第四章　信念执著的卓越个性

村的境况非常艰难，常常是囊中羞涩，一贫如洗。

岛村后来回忆说："那时候，在无钱可花的情况下，我就把在街上走，看人家的服装和所提的东西，当作唯一的乐趣。"

一天，正当岛村在街上漫无目的地散步时，无意间注意到女士们无论是半老徐娘的妇人，还是花枝招展的年轻姑娘，除了拿着自己的包之外，还都提了个纸袋——买东西时商店送给她们装东西用的袋子。

看着街上提纸袋的人越来越多，岛村的整个心思也都变成了纸袋。两天后，他到一家跟商店有生意往来的纸袋厂参观，果然看见那里的工人正忙得热火朝天。参观之后，岛村怦然心动，毅然决定自己也要大干一番。

雄心勃勃的岛村认为："将来纸袋一定会风行全国，做纸袋生产的生意是错不了的。"然而，虽然有这样的想法，但岛村身无分文，无从着手实践自己伟大的想法。生产纸袋需要建厂，建厂需要资金，资金从哪里来呢？想了又想，他决定硬着头皮去各银行试一下。

到了一家银行，岛村把自己的想法、纸袋的使用前景、制作上的技巧等说得口干舌燥。但是银行听了他的打算后，都冷漠地不愿意理睬他，有的银行甚至把他当作疯子赶了出来。

"那时候，我每天都去游说拜访，我相信总有一天他们会改变主意的。"岛村不但这样想，也把这种想法付诸了行动，他把三井银行作为目标，继续地前去游说。

然而，现实是残酷的，在三井银行也被泼了一盆冷水。起初，银行职员们态度冷淡，不愿意搭理他。过了几天，职员们一看到进来的岛村就怒目而视。最后，岛村一来，大家就一起哄笑，干脆把他赶了出来。

连续的受挫和失败并没有让岛村灰心，退却。3 个月后，岛村第 79 次到银行游说，对方终于被他坚持不懈的精神感动，答应贷给他 100 万日元。

认识岛村的熟人和朋友听说他获得了 100 万日元的贷款后，也纷纷伸出援手，岛村很快就筹集了 200 万日元的资金。

岛村辞去了原来店员的工作，拿着这些钱，设立了丸芳商会，

追求卓越的个性

开始生产和销售纸袋，生意很快红火起来，最终取得了令人瞩目的业绩。

　　岛村3个月、79次的坚持拜访，终于感动了银行。是什么支持着他能不顾旁人的嘲笑和讥讽，不顾种种流言蜚语，坚信一定能贷款成功呢？是坚定的信念！这信念使他拥有了超常的耐心和勇气，一直坚持到成功的到来。

　　《哈里·波特》早已风靡全球，它的作者J·K·罗琳也成了一个非常富有的女人，众所周知，她现在拥有的财富比英国女王都要多，但是她曾经有过的一段穷困落魄的经历却鲜为人知。

　　罗琳从小就热爱写作和编故事，而且她从来也没有放弃过。在大学里她主修法语。毕业后，罗琳只身前往葡萄牙发展，在葡萄牙与当地的一名记者坠入情网并结婚。然而，让罗琳非常无奈和失意的是，这段婚姻来得快去得也快。丈夫在婚后不久就露出本来的面目，经常对她施加暴力不说，还不顾罗琳的哀求将她赶出家门。走投无路的情况下，罗琳只好带着3个月大的女儿杰西卡回到了英国，住在爱丁堡一间没有暖气的小公寓中。

　　丈夫走了，工作没了，居无定所，身无分文，再加上嗷嗷待哺的女儿，罗琳的生活一下子变得非常潦倒，她不得不靠救济金生活，经常是女儿吃饱了，自己还饿着肚子。

　　尽管家庭和事业都遭遇了失败，但是这并没有影响罗琳对写作的热爱和坚持付出。用她自己的话说："可能是为了完成多年的梦想，也可能是为了排遣心中的忧伤，还可能是为了可以每晚把自己编的故事讲给女儿听。"罗琳不停地写啊写，有时候为了给家里省钱、省电，她就在咖啡馆里待上一天。

　　就是在这样艰难的情况下，在女儿的哭叫声中，她完成了第一本《哈利·波特》。这本书创造了出版的奇迹，被翻译成35种语言，在100多个国家和地区发行，引起了全世界的轰动，获得了无数读者的喜爱。

　　罗琳的成功，在于她坚持自己的信念，没有停止付出。

　　每个人都希望有一天自己能够获得成功，能享受成功所带来的丰硕成果。然而，遗憾的是，很多人都不能坚守自己的信念而或是

第四章　信念执著的卓越个性

半途而废，或是功败垂成。

一支美国的探险队进入撒哈拉沙漠的某个区域，在望不到边际的沙海里，漫天飞沙扑打着探险队员的脸。烈日、口渴，水粟都喝光了，大家一下子陷入了焦渴的状态中。这时，探险队长拿出一只水壶，说："这里还有一壶水，但是穿越沙漠之前谁都不能喝。"

这壶水，成了大家穿越沙漠的信念之源，也成了大家生存下去的希望。水壶在队员手中传递，沉甸甸的感觉让大家绝望的脸上，又露出了坚定的神色。

当历尽艰险，终于走出沙漠时，大家喜极而泣，急忙打开那壶支撑他们走出沙漠的精神之水，然而缓缓流出的却是满满的一壶沙子。

在如此艰难的环境下，真正救了探险队员的，并不是这壶不存在的水，而是他们要走出沙漠的希望和执著的信念，是希望和信念最终帮他们走出了绝境。

无论是面对困难还是绝境，无论经历多少艰辛和苦难，只要我们心中有一粒信念的种子，我们就要坚持，总有一天我们会走出困境，获得成功。

坚定的信念就是一粒成功的种子，种下它，生命就会开出绚烂的花朵。

追求卓越的个性

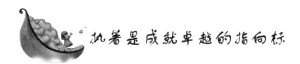

执著是成就卓越的指向标

当你看到这个故事的时候，请不要把注意力放在他有多少金钱上，因为那不是我想要告诉你的。我只希望你能够看到他为什么成功。

他本出生在贫民窟里，但他从小就知道怎么赚钱。他会把坏的玩具修好，让同学玩并收取费用。初中毕业后，他又卖起了杂货，也做得很顺手。让他发迹的是一堆服装。

那一天，他在港口的一个地下酒吧喝酒，他坐在一群日本海员

旁边。海员正在说有一批被浸染了的丝绸没法处理，想扔掉，他听到了。第二天，他就来到了海轮上，用手指着停在港口的一辆卡车对船长说："我可以帮助你们把丝绸处理掉。"他不花任何代价便拥有了这些被浸染过的丝绸。他把这些丝绸制成了迷彩服一般的衣服、领带和帽子，几乎是在一夜之间，他靠这些丝绸拥有了10万美元的财富。

他成了真正的商人。有一次，他在郊外看上了一块地，他花10万美元买了下来。3年后，他的地皮值2400多万美元，他成为城里的一位新贵，可以像上等人一样出入高贵的场所了。

有人怀疑他有市政府的朋友，然而，结果却相反。

商人的发迹好像是一个谜。

商人活了77岁，临死前，他让秘书在报纸上发布了一则消息，说他即将赴天堂，愿意给有去世亲人的人带口信，每则收费100美元。结果他赚了10万美元。他的遗嘱也十分特别，他让秘书再登一则广告，说他是一位高雅的绅士，愿意和一个有教养的女士同卧一块墓穴。结果，一位贵妇人愿意出资5万美元和他一起长眠。

有一位资深的记者报道了他生命最后时刻的经商经历，他在文中感叹道："每年去世的人难以计数，但像他这样把对商业执著的精神坚持到最后的人又有几个？现在我们终于明白了他为什么会成为千万富翁。"

你知道他成功的秘密了吗？是的，就是因为"执著的信念"。执著的信念会让你全身心地投入到你所热爱的事业中来，执著会成为你前进道路上披荆斩棘的一把利刃，执著是你成就卓越的指向标，是开启成功之门的金钥匙。

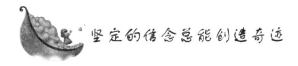

坚定的信念总能创造奇迹

公元前100年，苏武受汉武帝之命，以中郎将的身份，手持着汉武帝亲手交给他的"旄节"，与副使张胜以及助手常惠和百余名士兵，携带着送给单于的礼物，护送以前扣留下来的全部匈奴使者出使匈奴。

当苏武在匈奴完成任务准备返汉时，一件意外的事情发生了。此前投降匈奴的汉使卫律有个部下叫虞常，想要谋杀卫律归汉。这个虞常在汉朝时与张胜私交甚好，就把整个计划跟张胜说了，张胜赠送钱物以示支持，没想到虞常的计划还没实施就泄露了。苏武因张胜而受牵连，他怕公堂受审给汉朝丢脸，想拔刀自杀，被张胜、虞常制止。虞常受审，经受不住酷刑供出了张胜，因为张胜是苏武的副使，单于命令卫律去叫苏武来受审，苏武不愿受辱，又一次拔刀自杀，被卫律抱住夺下刀来，但苏武已受重伤晕死过去。

苏武视死如归，单于佩服他的勇气，希望苏武能够归顺他。他早晚派人来问候，企图软化苏武，但苏武不肯屈服。

苏武恢复健康后，单于命令卫律提审虞常和张胜，让苏武旁听，在审讯过程中，卫律当场杀死虞常以此威胁张胜。张胜跪下投降，卫律又威胁苏武并举起宝剑向苏武砍来，苏武面不改色地迎上前去，卫律看威胁利诱都不能使苏武屈服，只好报告单于。

单于听说苏武这样坚强，就更加希望苏武投降。他下令把苏武囚禁在一个大窖里，不给一点吃喝。这时天上正下着大雪，苏武就躺在那里，嚼着雪团和毡毛一起咽到肚里。几天以后，他仍顽强地活着。

单于见此计不成，又命人把苏武押送到北海没有人烟的地方，让他独自放牧公羊，说是等公羊生子才让他归汉。在荒无人烟的北海，苏武白天拿着汉朝的旄节放羊，晚上握着它睡觉。没有口粮，他就挖掘野鼠洞里藏的草籽充饥。当单于又派人劝降，并告知他母亲已死，兄弟自杀，妻子改嫁，儿女下落不明、死活不知的消息，想以此达到动摇他的信念的目的，但又一次被苏武坚拒。

苏武在荒凉酷寒的北海边上，忍饥挨饿、受尽苦难，以坚强的毅力，度过了漫长的、艰苦的岁月。

一直到公元前81年的春天，经几度交涉，苏武、常惠等9人才终于回到了久别的首都长安。

苏武出使的时候是个40岁左右的壮汉，他在匈奴过了19年非人的生活，归汉时已是个须发皆白的老人。

苏武坚忍不屈地保持了汉人气节的英雄事迹轰动了朝野上下，流传千古。

从自杀到顽强地活下来，苏武在逆境中显示出了大汉王朝的尊严。

两次自杀是怕大堂受审给祖国丢脸，说明他是个将生死置之度外的刚强汉子。后来又在极其恶劣的非人的生活环境中坚持了 19 年之久，又是在向敌方示威——我虽无力反抗，但我决不投降。

他抱定了"我顽强地活给你看"和"不回汉朝，死不瞑目"的信念，克服所有的困难，承受着非人的折磨，终于创造了奇迹。他在不可能的条件下生存了 19 年，实现了自己归汉的夙愿！

摆脱厄运的办法是不向它低头。当你遭遇厄运的时候，坚强与懦弱是成败的分水岭。

一个人能否战胜厄运、创造奇迹，取决于你是否赋予它一种信念的力量。一个在信念力量驱动下的生命可以创造出人间奇迹。

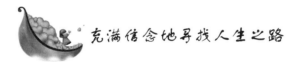

充满信念地寻找人生之路

人生没有坦途，唯有一颗向上的心，唯有经过一次次的失败锤炼，才能走向成熟。

通常我们对生活失望，只是因为我们对生活缺乏认识。要知道，生活中的善与恶如同一对孪生兄弟，双双存在于人世间。正如自从有了盗取天火给人类的普罗米修斯，就有了带着魔盒的潘多拉一样。

普罗米修斯是古希腊神话中具有深谋远虑的"前思"之神。他依靠弟弟的帮助，按照神的样子用泥和水制造了人，并赋予人以生命。为了使人类生活得幸福，普罗米修斯违抗主神宙斯的禁令，盗取天火给人类，并且还把各种技艺和知识传授给人类，使人类有了文化。

宙斯见人类有了火，十分恼怒。于是他让神匠用黏土制成一个

第四章　信念执著的卓越个性

111

女人，并让她将一个装满灾祸的盒子带到人间，来与人间的幸福作对。这个女人叫潘多拉。

潘多拉被送给普罗米修斯的弟弟做媳妇。宙斯让她把魔盒送给普罗米修斯的弟弟。她对这个魔盒很好奇，就私自打开了魔盒的盖子。这一下，装在盒子里的数不清的灾祸倾巢而出，顿时飞满人间。潘多拉急忙盖上盒盖，谁知却把这魔盒里唯一美好的东西——信念关在了里面。从此，人类生活便出现了种种灾难。

许多年后，普罗米修斯遇见了潘多拉。普罗米修斯说："我恨你，你这给人类带来灾难的恶女人。"

"可是我是无意的，我只是想看看里面装的是什么。罪恶之源应该是那魔盒。"潘多拉说。

"这我明白。你那盒子现在放在哪里？我想除掉它。"普罗米修斯急切地问。

"那怎么可能呢！经过这么长的岁月，那魔盒早已有了幻化之功，它时而有形，时而无形，时而在此，时而在彼，时而看得见，时而看不见，并且不时地制造出新的灾祸……"

"那么信念呢？被你关在盒子里的信念呢？它难道依然关在里面吗？"

"信念早已飞到了人间。当那些人们像我一样再次打开魔盒时，信念便以它巨大的冲力，飞了出去。"潘多拉说。

"哦，"普罗米修斯舒了一口气，"怪不得现在的人类具有勃勃生机，原来信念早已飞到了人间。"

然而普罗米修斯依然不解，潘多拉打开盒子，已是愚蠢之极，现在的人为何依然要去多次打开它呢？

"是些什么人为什么打开那魔盒呢？"普罗米修斯问。

"形形色色的人。多数出于好奇心，也有的是粗心，有的是不明真相，有的是……"潘多拉滔滔不绝，普罗米修斯却不愿听了。

"唉！"他叹了口气道，"看来，只要人类存在，祸患和罪恶总是无法除尽的。不过，好歹还有信念留存人间。"

112 　　朋友，你在普罗米修斯与潘多拉的对话中找到你的影子了吗？你为何总还要不厌其烦地去打开那个魔盒呢？是出于不明真相，还是出于粗心或者好奇？试着想想，穿过岁月的风雨之后，你是否该很快地成熟起来了呢？要知道，人活着不是为了痛苦，但要活着却不能不承受痛苦。好在有信念在人间，只要你不泯灭信念，就能走出困境。

朋友，无论遭遇怎样的困难，你都应有勇气去面对现实，充满信念地去寻找更好的人生之路。

拥有信念，就能拥有希望

有这样一个故事，一个叫阿土的人做了一个梦，梦见离他不远的岛上住了一位大富翁，富翁的院子里有一株白茶花，白茶花树根下有一坛黄金，然后阿土就醒了。第二天，阿土把梦告诉了好朋友阿呆，说完后叹一口气说："可惜只是个梦！"

阿呆却信以为真，说："可不可以把你的梦卖给我？"阿土高兴地答应了。阿呆买到梦后来到了那个岛上。

到了岛上，阿呆发现这里果然住着一个大富翁，富翁的院子里果然种了许多茶花树，他高兴极了，就留下做富翁的佣人，一直等待院子的茶花开。第二年春天，茶花开了，可惜，所有的茶花都是红色，没有一株白茶花。阿呆就继续在富翁家做佣人，这一做又是许多年过去了。

有一年春天，院子里终于开出一棵白茶花。阿呆在白茶花树根处掘下去，果然掘出一坛黄金。第二天他辞工回到家乡，成为家乡最富有的人。而卖了梦的阿土仍然是个穷光蛋。

没有了梦想，就没有了创造的激情和动力，没有了追寻的勇气，人便真的什么也没有了。

法国有一处著名的风景旅游点，它的名字叫做"邮差薛瓦勒之理想宫"。你知道它是怎样建成的吗？

原来，在许多年以前，一位名叫薛瓦勒的乡村邮差每天徒步奔走在乡村之间送信。有一天，他被山路上的一块石头绊倒了。当他

第四章　信念执著的卓越个性

爬起来，准备再走的时候，突然发现绊倒他的那块石头样子十分奇异。他抬起那块石头，把那块石头放在了自己的邮包里。

他回家后疲惫地躺在床上，突然产生一个念头：如果用这样美丽的石头建造一座城堡那将是多么美丽！于是，他每天在送信的途中都会寻找石头，每天总是带回一块。后来，他开始推着独轮车送信，只要发现他中意的石头都会往独轮车上装。

白天他是一个邮差和一个运送石头的苦力，晚上他又是一个建筑师，他按照自己天马行空的思维来垒造自己的城堡。对于他的行为，所有人都认为不可思议，认为他的头脑出了问题。

20多年时间，他不停地寻找石头、运输石头、堆积石头，渐渐地人们发现，在他偏僻的住处，出现许多错落有致的城堡。有清真寺式的，有印度神教式的，有基督教式的……

多年以后，一位记者发现了这群低矮的城堡，在城堡的石块上，薛瓦勒当年的许多刻痕还清晰可见。有一句就刻在入口处一块石头上。

"我想知道一块有了梦想的石头能走多远。"

许多梦想看似遥不可及，但只要你心中拥有信念，你就能拥有希望，拥有一个为之努力奋斗的目标。只要你学会坚持，石头也能构建起梦的城堡。

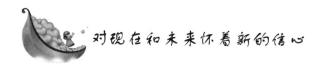

对现在和未来怀着新的信心

"丧家之犬"——有一天，我走在香港九龙弯弯曲曲的路上，这个极其颓丧的句子引起了我的注意。这句话放在一家纹身店的玻璃橱内，好像是纹身的样本。橱窗里还有旗帜、美人鱼等常见的图样。

我受到很大的冲击，就走进去问："真会有人来纹'丧家之犬'这样的字句吗？"

"是的，偶尔会有。"店主拍着自己的头，用不流利的英语补充说，"可是，纹在身上以前会先纹在脑子里。"

一旦认为自己毫无能力，生来就如丧家之犬，在精神方面就已经是个落败者。因此，为了避免失败更应该怀有信念。

"我是与生俱来的胜利者!"要这样充满信心地激励自己。要成为胜利者就必须有坚定的信念。胜利者毫无例外都是满怀信心之人。而失败者往往缺乏信念。

一位心理学家想知道人的信念对行为到底有什么样的影响，于是他做了这样一个实验。

首先，他让10个人穿过一间黑暗的房子，在他的引导下，这10个人都成功地穿了过去。

然后，心理学家打开房内的一盏灯，在昏黄的灯光下，他们清楚地看见房子内的一切，不禁吓出了一身冷汗。这间房子的地面是一个大水池，水池里有十几条大鳄鱼，他们刚才穿过的，正是一座搭在水池上的独木桥。

随即，心理学家问这些人："现在，你们之中还有谁愿意再次走过这间房子呢?"

这时屋内陷入一片静默，没有人出声回答，过了一会，才有3个人大胆地站了出来。

其中一个小心翼翼地走了过去，速度比第一次慢了许多，另一个颤抖着踏上独木桥，可是走到一半时，竟然趴在独木桥上爬了过去。第三个才走几步就趴了下去，怎么也不敢向前移动半步。

心理学家又打开房内的另外九盏灯，灯光把房间照得如同白昼一般明亮。这时，他们才看见独木桥下，其实有着一张安全网，只是网线的颜色极浅，刚才根本无法看见。

"现在，谁愿意通过这座独木桥呢?"心理学家问。

这次，有5个人站了出来。

"你们怎么不过呢?"心理学家问剩下的两个人。

两个人异口同声地问："这张安全网牢固吗?"

成功就像走过这座独木桥，失败的原因往往不是能力的问题，也不是潜力的问题，而是信心不足，还没有冲上战场就败下阵来。不积极乐观，心理就会陷入搭着一座危桥的状态。无法克服心理恐惧，就算走再坚固牢靠的桥梁，你也会从桥上跌下去。

美国著名学者、博物学家兼哲学、解剖学、心理学教授威廉·詹姆斯，可以说是心灵与肉体两方面的专家。他是这样论述信念的："只要怀着信念去做你不知能否成功的事业，无论从事的事业多么冒险，你都一定能够获得成功。"

你对自己的信念坚定到什么程度？你对自己的事业有多大的信心？你犹豫不决、行为方式摇摆不定吗？你坚信自己认为正确的事吗？你对自己的事业很有信心，因此你能够不顾任何人和事的阻碍而建立它吗？如果你不信仰一些东西，你就有可能一事无成！

一个人或组织如果不能在制定决策时保持正直，他们在执行的过程中就会禁不住放弃责任的诱惑。因为如果我们知道某个决定或行动是不道德的，那我们就不想再为它们承担责任。在这种情况下，我们很容易就会去找一个替罪羊。如果我们责备别人，逃避为自己的行为承担责任，那么我们在那方面的成长就会受到阻碍。

另一方面，当你的决定跟信念相一致的时候，你就很可能会接受后果并为其承担责任。你也更有可能正确地预见和处理行为的结果。你的正直表明你有发展自己信念的智慧以及按照信念行动的力量。这样，不管别人怎么想你就都会心平气和了。

能保证成功的不是知识也不是教养，更不是训练、经验、金钱，而是信念。

对事业怀有信念，相信自己，乃是获得成功不可或缺的前提。当然其他因素也非常重要，但最基本的条件是激励自己达到所希望的目标的积极态度。威廉·詹姆斯又说："不可畏惧人生，要相信人生是有价值的。这样才会拥有值得我们活下去的人生。"

怀有信念的人是了不起的。他们遇事不会畏缩，也不恐惧，就是稍感不安，最后也都能够超越。他们健壮而充满活力，能解决任何问题，凡事全力以赴，最终成为伟大的胜利者。他们都有一个神奇的座右铭，那就是"信念"。

我相信你我都是为了成为胜利者才被创造出来的，是为了成为一个大人物而存在的，绝不是为了做一个卑微的人物而被赋予生命的。

116

要克服懦弱心理成为大人物，就必须怀有信念。我们当中很多人都希望自己能拥有这样的信念，但直到现在还是处在困顿之中。

如果艰苦的日子持续很久又犯了某种错误，这些人会怎么做呢？在产生这种疑问的同时，我不由想起这样一件事。

有一个青年律师，由于犯了错误，遭到一家规模庞大的法律事务所的解雇。对一个经验不足的人，不管犯下多大的错误，只因一次差错就受到这样严重的惩罚，未免太苛刻了。

总之，这位年轻律师气馁地在房间里走来走去，不停地责备自己："我为什么做出那样愚蠢的事呢？在事业才开始的时候就在履历中留下了污点。"

他伤心地跌坐在椅子上，非常沮丧。

那时我的办公桌上放着一份《特勒德布雷多报》（俄亥俄州），上面刊载着古洛布·帕达逊的一篇文章。那是这位伟大的新闻记者写下的一篇经典之作。我把那篇文章念给这位青年听，对他发生了奇迹般的影响。

几年前第一次读这篇文章时就使我大大感动过。"从前有一个少年站在桥上倚着栏杆凝视桥下的流水，只见圆木、木片等垃圾不断漂流过去，不久河面变干净了。几百年、几千年、几万年以来，河水都没有改变，不停地在桥下流过。有时流得快有时流得慢，从未停下脚步。"

那天，少年因为观看流水发现了一件事。那既不是用手摸得到的，也不是眼睛看得见的，而是"想法"。他突然领悟到，人生中的一切事物，有一天都会像河水一样从桥下流过去。少年十分喜欢"和桥下的流水一样"这句话。

从此以后，这个想法在他的人生中发挥了极大的效用。每逢遭遇困难或痛苦时，因为持有这样的想法所以都能一一克服。当失败已无法挽回，或某种东西再也拿不回来时，此刻已经长大成人的他就说"和桥下的流水一样"。他绝不会因失败而感到懊恼，也不会因此一蹶不振，因为他认为那些都和桥下的流水一样。

年轻的律师热切地听我念这篇文章，然后静坐了很长一段时间。最后站起来握紧我的手，满怀感激地说："我明白你的意思了。用这次经验获得教训，其他的就像'桥下的流水'一般流过。"

117

那天，他对现在的自我和未来怀着新的信心，事实上他确实开拓出了美好的将来。

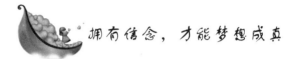

拥有信念，才能梦想成真

可以肯定地说，每个人的心中最初都会有许多的梦想，但最终能圆梦的人不是很多。不能圆梦的原因也许有很多，但能圆梦的原因或许只有一个，那就是为梦想而不懈努力，不达目的决不罢休的信念。

20 世纪 70 年代出生的孩子，或许大多都不会忘了动画片唐老鸭那经典搞笑的声音。

唐老鸭的配音者是李扬。很多人都认为他是一个专业的配音演员。可是事实上，李扬最初只是一名部队里的工程兵，工作是挖土、打坑道、运灰浆、建房屋。这似乎和他的配音工作相距十万八千里。

然而李扬知道，自己一直擅长并喜欢配音工作。虽然他现在从事的不是这一行业，可他从来没有放弃过自己的梦想，他确信总有一天自己的长处会被挖掘出来。

于是他在空闲时间里，认真读书看报，阅读中外名著，并且自己尝试着搞些创作。退伍后，李扬成了一名工人，但他仍然没有放弃自己的理想，用他自己的话说，他始终认为这值得自己去投入。

后来，国家恢复了高考制度，李扬考上了北京大学机械系，这给他发挥自己的长项创造了良好的机会。因为他的一直的努力加上天赋，经过一些朋友的介绍，李扬终于找到机会参加了一些外国影片的译制录音工作。他的声音生动且富有想象力，在几年的时间里他潜心钻研，终于成就了自己独特的配音风格。此时的李扬已是箭在弦上，只需有人开弓，就可以射向目标。

机会来了，风靡世界的动画片《米老鼠与唐老鸭》在中国招募汉语配音演员，虽然是业余配音演员，可李扬凭着自己独特的配音风格被迪斯尼公司一举相中，为唐老鸭配音。从此，他成了家喻户晓的配音演员。问及李扬成功的秘诀时，李扬回答说："我之所以能够成功，就是因为我从来没有停止过挖掘自己的长处。"

李扬之所以取得成功是因为他认为自己的潜力终有一天会被发现，所以他才会一直朝着这个方向努力，并且认为为之付出多大代价都是值得的。

很多时候，一个人之所以无法做出成绩，不是因为他的工作方法有问题，而是他的性格有问题，即他根本就认为做这项工作不是自己的长项，或者是对这项工作没有兴趣，一个人从事自己不擅长或不喜欢的工作，是不会拿出全部的热情和精力来做的。存在着这样的情绪，又怎么能有突出的成绩呢？

其实，每个人都有自己的长处，这个长处就是你的宝藏，开启宝藏的钥匙就在你自己的手里。如果你轻易放弃，那么你的宝藏将永远被埋藏。我想，没有人愿意守着自己的宝藏不开掘，把它带进坟墓。所以，行动起来吧，发现自己的长处，这很重要，尽管你可能因为现实的一些原因而不得不在现有的位置工作。但是，只要你发现了它，并为之不懈努力，最终的成功就一定会属于你。

 困境和挫折打不垮信念

20 世纪 60 年代末，美国实业家哈默踏上了利比亚的土地。利比亚国王伊德里斯一世在王宫的宴会上对哈默说："真主派您来到利比亚。"这句话表示了这位胡子全白的西奴西部落领袖对哈默的尊重与敬佩。

哈默到了利比亚才发觉，除了美国为维持其轰炸机基地而支付的费用外，利比亚几乎无其他外来财政资助。在早年意大利占领期间，墨索里尼为寻找石油花费了千万美元而一无所获。埃索石油公司也花费了数百万美元，打了好几口井仍未打出一点油，只好打道回府。还有壳牌公司，耗资 5000 万美元打出的全是废井，法国公司也好不到哪去。只是当埃索公司准备撤离时才打出了一口油井，又

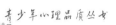

重新唤起人们对利比亚这块土地的兴趣，认为这里是一块聚宝盆。

哈默到达利比亚时，正值利比亚政府准备进行第二轮出让租借地的谈判，出租地大多是原先某些公司所放弃的地域。根据利比亚法律，各国石油公司应尽快开发其租得的地域，如开不出油，就须将部分租借地归还利比亚政府。

谈判开始后，来自9个国家的40多个公司参加了投标。这些公司大致分为三类公司：第一类是财大气粗的国际性大石油公司，像埃索、美孚、壳牌等；第二类是像哈默这样的西方石油公司，它们的规模较小，但具有行业经验，利比亚也希望其参与竞争；第三类是一些投机性的转包公司，希望得标后再转手卖出，以从中渔利。

尽管哈默同伊德里斯国王有着良好私人关系，但公司的实力是有限的。哈默与匆匆赶来的董事们分析了第二轮竞争的形势，在4块租借地上投了标。等到开标时，哈默得到了其中的两块。一块是被壳牌等几家公司组成的"沙漠绿洲"财团认为无望出油而放弃的；另一块是莫尔比石油公司耗资百万美元探出净是干井而匆匆撤走的地块。

哈默对得标的两块地并不很满意。但他还是下了大本钱，立即开始打井。刚开始，公司在第一块租借地打的头三口井滴油不见。西方石油公司第二大股东里德坚持要撤出利比亚，说："这里不是我们这样的小公司应该来的地方，已扔了500万美元，还能扔得起多少？"这是经验之谈，小公司不可能花大本钱开采这种没有几分把握的地块。但是哈默的第六感觉却促使他坚持在这里打下去，他认为不应该放弃最后的努力。

几周后，在几家优柔寡断的大石油公司放弃的地块上，西方石油公司钻出了石油，而且这是一种异乎寻常的高品位原油，含硫量极低，每天可产10万桶原油。更重要的是，这个奥吉拉油田在苏伊士运河以西，产出的石油通过地中海和直布罗陀海峡，不到10天就可以运抵石油奇缺的欧洲国家。而大量的阿拉伯石油在苏伊士运河不通时，只有被迫绕道好望角，历时两个月才能运抵欧洲。与此同时，哈默的好运气又在第二块租借地上出现了。西方石油公司利用新的地震勘探技术，仅耗资100万美元就打到了一口珊瑚礁油藏，

120

不用油泵，石油也会源源不断地喷涌而出。不久，又打出了第二个日产 7.3 万桶原油的珊瑚礁油藏。

至此为止，哈默这个规模不大的西方石油公司竟成了利比亚最大油田的主人。他得到了比奇特尔公司的支持，着手进行一项耗资 1.5 亿美元的油田开发计划，准备铺设一条全长 130 千米的输油管道，日输送原油 100 万桶。这条管道将成为利比亚境内最大的输油管。

哈默这种"追求目标，不放弃最后努力"的执著精神，是每个创业者都应该学习的。浅尝辄止、遇见困难就退是创业的大忌，也是人生失败的致命原因。

有所追求的人不可避免地会遇到各种困难和打击，在逆境中，我们要培养出不怕困难、战胜困难的精神。坚强的意志也只能在困境中练就。

成大事者从不惧怕困境。面对长期的困境，他们凭着一种压不垮的精神，一腔无所畏惧的勇气，振作精神，发奋苦干，以图早日突破困境的牢笼。

内蒙古伊利实业股份有限公司总经理郑俊怀，有一种愈挫愈坚的精神。

1983 年底，郑俊怀被任命为呼和浩特市回民奶食品总厂的厂长，那时候谁见了这个厂谁头疼：设备简陋、工艺落后、人员素质不高、管理混乱、濒临倒闭。但郑俊怀相信，凭借自己的勇气和全厂职工的支持，不怕食品厂不旧貌换新颜。

上任伊始，郑俊怀先为企业制定了各项制度，使企业很快就走上了正轨。接着，他把生产新产品作为企业发展的突破口。为了确保新产品在春节期间上市，到了腊月二十八，郑俊怀和工人们还在工厂里工作。经过多次试验，他们的新产品——一毛钱一支的奶油冰棍终于面市了。可是在市场上，这种新产品却不受人们喜欢。首次开发的新产品以失败而告终，人们对他的信任也遭到了挑战。

在这种情况下，职工们的情绪非常低落，郑俊怀却坦然地劝慰职工们说："这算什么，我们要做的是大事，做大事就不能向困难低头。自古以来，哪个做成大事的人没有经历过失败？"鼓舞工人们重新振作起来。与此同时，他努力寻找失败的原因。最后，他得出了结论：企业要想发展，必须开发出新的高质量的乳制品，而不是一毛钱一支的奶油冰棍。

1984年的正月十五，当人们都沉浸在元宵节欢乐的氛围中时，郑俊怀独自一人到上海考察冷饮市场和生产设备。他看上了一种生产雪糕的设备，但是这种设备非常抢手，即使付现款也得等一年才能提货，况且当时的回民奶食品总厂根本就没有钱。郑俊怀马上返回呼市向银行要求贷款，可因为回民奶食品总厂是个小厂，又面临亏损，企业信誉不高，银行拒绝贷款。

尽管如此，郑俊怀仍劲头十足，他每天都在银行里死缠硬磨，一个多月后，他这种"得不到贷款誓不罢休"的精神感动了一位农行领导，才贷到了10万元资金。贷到款后，郑俊怀马上派了两位厂领导去上海。这两位厂领导走之前对郑俊怀说："我们一定尽力把设备买回来。"郑俊怀生气地说："把'尽力'那两个字去掉，你们一定要把设备买回来。"两位厂领导犯了难，说："人家要是不卖呢?"郑俊怀说："我怎么把款贷出来的，你们就能怎么把设备买回来。"两位厂领导茅塞顿开，到了上海后不辞劳苦，一遍一遍地找厂家，厂长终于被两位领导的诚意打动，把设备卖给了他们。

困境和挫折不能打消企业家的信念，在企业家的眼中，困境是为了保持身体健康而必须吞下的一剂良药。

设备到达厂里后，为了抢时间，郑俊怀不分昼夜地与工人们一起工作，并肩作战，不到一个月，设备就安装完毕。靠这套日产雪糕10万支的设备，回民奶食品总厂当年的利润达到了10万元。这10万元利润，鼓舞了职工们的信心，使郑俊怀的企业向着成功迈出了一大步。

困境可以检验一个人的品质，如果一个人敢于直面困境，积极主动寻求解决问题的办法，那么他或迟或早，总会成功。如果一个人被困难吓倒，灰心丧气，无所作为，那么即使困境消除，他也走不出失败的阴影。

第五章　注重细节的卓越个性

　　成大事的人和不能成大事的人之间的差别，往往就在一些细小的事情上，并且正是因为这些细小的事情，决定了不同的人具有不同的命运。

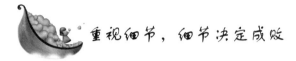

重视细节，细节决定成败

细节决定成败，成功的人总是不放过每一个细微之处，越是细节他们越是做得更完美，因为他们懂得，越是不为大多数人重视的细节，越是超越别人的关键所在。

很多人都知道加加林，因为他是第一个进入太空的宇航员。但是你知道当时为什么在众多人中独独选择了他吗？对于为什么会选中加加林的问题，前苏联官方的回答是："因为加加林具备了以下无可争辩的品格：坚定的爱国精神、对飞行成功的坚定信念、优秀的体质、乐观主义精神、随机应变的智能、勤奋好学的态度。"但是有一件事情却鲜为人知：

首批航天员队伍的领导之一卡尔诺夫透露，在当时的几个人选中，加加林原本是三号人选，基本上没有上天的希望，而一号邦达连科却被认为很有希望。但是，就在即将升空前的一天，在充满纯氧的船舱训练结束时，邦达连科随手将擦拭传感器的酒精棉扔到一块电极板上，引起船舱发生大火，邦达连科被烧伤后不治身亡。

之后，人选定在二号季托夫和三号加加林之间，可他们两人不相上下，宇航局一时决定不下来，他们都很优秀，都有第一个上天的理由。可是最后却选择了加加林，原因就在于一个细节：

极力推荐加加林的著名飞船总设计师科罗廖夫谈了一个理由，他说，据他观察，参加训练的20多个宇航员中，每次进入飞船训练时，只有加加林一人脱下鞋子，只穿袜子进入座舱。这个小小的举止一下子赢得了科罗廖夫的好感，他感到加加林是如此珍爱他为之倾注心血设计的飞船，而一个懂得尊重别人劳动成果的人必然会是一个心中有神圣理念的人。于是，加加林被选中了。

本来极有希望入选的邦达连科因为一个不经意的动作，不仅失去了千载难逢的大好机遇，还牺牲了自己宝贵的生命。而加加林之所以能够脱颖而出，不在于他的技能有多突出，而是因为一个细节，表现了细致认真的素质和尊重他人劳动成果的修养，最终在竞争中胜出，一飞冲天，成为永载历史的世界第一飞人。

细节决定成败，一个不在乎细节，只注重粗线条的人，一般很难有大的成就。因为，心粗的人往往难以觉察一些细微的东西，而许多失败的事情不正是由于忽视细节造成的吗？

也许有些人认为，做大事不必拘小节，因此那些马马虎虎、大大咧咧的人往往被原谅，直到造成重大失误时才懂得细节的重要性。试想一个当领导的人，如果马虎大意，那么当有重大决策的问题交给他处理时，他就很难突破许多细节，成就完美，甚至败在一个细节上。"千里之堤溃于蚁穴"，这句话不得不被重视，因为细节决定成败，细节成就完美，大事成功于细节，伟业得益于细节。

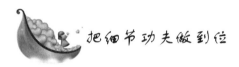

把细节功夫做到位

有道是："泰山不拒细壤，故能成其高；江海不择细流，故能就其深。"可见，天下之高如泰山、大如江海者，皆起于"细"。有的人心比泰山还高，想攀上"一览众山小"的高位；有的人志向比江海还大，想创造一番惊天动地的大作为。这当然很好，但是要真正"成其高"、"就其大"，必须从细处做起，把细节功夫做到位。

20 世纪世界最伟大的建筑师之一密斯·凡·德罗，在被要求用一句话来描述他成功的原因时，他说："成功在于细节。"他反复地强调如果对细节的把握不到位，无论你的建筑设计方案如何恢弘大气，都不能称为成功的作品。

如今，想做大事的人很多，但愿意把小事做细的人很少。机关单位、企业界不缺少设计宏图的战略家，缺少的是精益求精的执行者；不缺少各类管理规章制度，缺少的是对规章条款不折不扣的执行。要想成为卓越员工，必须改变心浮气躁、粗心马虎的毛病，注重细节，把小事做细，把细节做到位。

"滴水藏海，小处见大"。一个人的素质是从细节中体现出来的。

只有从细节上严于律己，讲究分寸的人，才能真正把事情做到位。无论在工作中有多么辉煌的目标，但如果在每一个细节处理上不到位，就会偏离目标，导致无所作为，平庸乃至失败。

北京一家超市的仓库有两名货物管理人员——张庆和李彪。他们一同上班时，部门经理就曾告诉他们："商品陈列一定要认认真真，绝不能忽略细节上的调整。"张庆认真地听着，并把它落实到了实际工作中，货物陈列得井然有序，非常完美。而李彪把经理的话当作了"耳边风"，他所管理的货物总是乱糟糟的，陈列漏洞百出，因为他忽略了许许多多细节。

每一次提货时，张庆按照清单，很快就找到了货物，并将其整整齐齐地码在车上，货物一件也不缺。

而李彪呢，提货时总被累得满头大汗，在货仓中满屋乱窜，还碰坏了不少东西。

没过多久，张庆被提升为仓库主管，而李彪却被解雇了。

同时进入同一家单位，做着同样的工作，为什么他们的地位却有着如此大的差别呢？因为张庆注重每一个细节，而李彪觉得细节无所谓，忽略了许多细节上的问题。

因此，注重细节，做足细节，可以成就作为，赢得地位，而忽视细节，不做细节，则定会损害作为，丧失地位。

要做足细节功夫，没有捷径，必须念好"勤"字诀。

清朝时，以一介书生而登上卿相高位的曾国藩对此体会颇深。

曾国藩说："大抵勤则难朽，逸则易坏，凡物皆然。勤之道有五：一曰身勤。险远之路，身往验之；艰苦之境，身亲尝之。二曰眼勤。遇一人，必详细察看；接一文，必反复审阅。三曰手勤。易弃之物，随手收拾；易志之事，随笔记载。四曰口勤。待同僚，则互相规劝；待下属，则再三训导。五曰心勤。精诚所至，金石亦开，苦思所积，鬼神亦通。五者皆到，无不尽之职矣。"

对照一下，身勤、眼勤、手勤、口勤、心勤，这五者你做到了吗？在你的一生中，如果你时时、处处、事事能做到这"五勤"，那么，就不会有做不到位的细节，也决不会无所作为，领导怎能不会将你晋升到更高的位子上去呢？

追求卓越的个性

从不经意的话中抓住机遇

我们处在一个信息爆炸的时代，机遇就是来自这浩如烟海的资讯。有时，一句话、一则消息，就包含着难得的机遇，关键是要善于抓住它并利用它。

日本人重松富生以前曾在东京一家广告公司供职，有一年他去中国台湾旅游。在那里，他听到一位中国台湾朋友提到番石榴和它的嫩叶对治疗糖尿病和减肥有效。说者无意，听者有心，兴奋的重松一下子逮住了这个信息。

重松从中国台湾回来时将番石榴和它的嫩叶带回日本，专门请了医生进行分析和试验。试验的结果，证实了中国台湾朋友所言的效果。

重松借来 300 万日元，在东京开设了"糖尿病及减肥食品公司"。公司在中国台湾等地大量收购番石榴和它的嫩叶，经过干燥处理，将其加工成茶叶一般，可用开水泡来喝，而且味道清香爽口，别有风味。产品刚投放市场就受到欢迎，人们对这种既能治病又能减肥的产品格外青睐，尤其是那些一心想保持苗条身材的妇女，更是竞相购买，一下子兴起了饮用热潮。重松由此大发，第一月销售为 500 万日元，以后与日俱增，每月高达 2000 多万日元。

香港有"假发业之父"称号的刘文汉则是靠留心餐桌上的一句话抓住机遇的。

1958 年，不满足于经营汽车零配件的小商人刘文汉到美国旅行、考察商务。有一天，他到克利夫兰市的一家餐馆同两个美国人共进午餐，美国人一边吃，一边叽哩哇啦谈着生意经，其中一个美国人说了一句只有两个字的话："假发"。刘文汉眼睛一亮，脱口问道："假发？"美国商人又一次说道，"假发！"说着，拿出一个长的黑色假发说，他想购买 13 种不同颜色的假发。

像这样餐桌上的交谈，在当时来说，只不过是商场上普通的谈

127

话；一句只有两个字的话，按说也没有什么特殊的意义和价值，但是，言者无意，听者有心。刘文汉凭着他那敏捷的头脑，很快就作出判断：假发可以大做一番文章。这顿午餐，竟成了刘文汉好运的开始。

他经过一番苦心的调查了解发现，一个戴假发的热潮，正在美国兴起，在刘文汉面前，展现了一个十分广阔的市场。他一回到香港，就马不停蹄，开始了对制造假发的原料来源的调查。他发现，从印度和印尼输入香港的人发（真发）制成各种发型的发笠（假发笠），成本相当低廉，最贵的每个不超过 100 港元，而售价却高达500 港元。刘文汉喜出望外，算盘珠一拨，立即做出决定在香港创办工厂，制造假发出售。

不久，各种颜色的假发大批量地生产出来，消息不胫而走，数千张订货单雪片般飞来，刘文汉兜里的钞票也与日俱增，到了 1970年，他的假发外销额突破 10 亿港元，并当选为香港假发制造商会的主席。

刘文汉从别人不经意的话中抓住到了机遇，这证明机会有时并不一定在大事中，一句话也会让一个人好运无限。

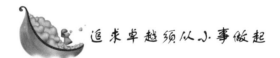

追求卓越须从小事做起

一屋不扫，何以扫天下？

东汉时有一少年名叫陈蕃，自命不凡，一心只想干大事业。一天，其友薛勤来访，见他独居的院内龌龊不堪，便对他说："孺子何不洒扫以待宾客？"他答道："大丈夫处世，当扫天下，安事一屋？"薛勤当即反问道："一屋不扫，何以扫天下？"陈蕃无言以对。

一个连自己的房间都打扫不干净的人，如何打扫天下？同样，一个连小事都做不好的人，又怎能做成大事呢？

对于这个典故，大家都很熟悉，可是落实到行动中，却很少有人能做到。现在很多新员工在进公司的时候带着这样一种心态：希望能分配到重要的岗位上，承担重要的工作，好作出引人注目的成绩，展示自己的价值，提前加薪、晋升。作为年轻人，有做大事的抱负，是好事。但是，如果只想做大事，不屑于做小事，那不见得是一件什么好事。通往卓越人生，只有平凡的人，没有平凡的工作。

有些人总认为只有做大事才会受到老板的青睐。其实，对于刚进公司的新员工来说，当你认真踏实地把一件小事做好，你所表现出来的职业素养会让上司和老板刮目相看。而那些分到基层、瞧不起自己工作的人，只会自怨自艾，工作马虎，那么，他不但得不到老板的青睐，还很难保住现有的位子。

北京外交学院副院长任小萍女士说，在她的职业生涯中，每一步都是组织上安排的，自己并没有什么自主权。但在每一个岗位上，她也有自己的选择，那就是要比别人做得更好。大学毕业后她被分配到英国大使馆做接线员。做一个小小的接线员，是很多人觉着很没出息的工作，任小萍却在这个普通的工作岗位上做出了不平凡的业绩。她把使馆所有人的名字、电话、工作范围甚至连他们家属的名字都背得滚瓜烂熟。有些电话进来，有事不知道该找谁，她就会多问，尽量帮他准确地找到人。慢慢地，使馆人员有事要外出，并不是告诉他们的翻译，而是给她打电话，告诉她会有谁来电话，请转告什么。甚至，有很多公事、私事也委托她通知，任小萍成了全面负责的留言点、大秘书。

有一天，大使竟然跑到电话间，笑眯眯地表扬她，这可是破天荒的事。结果没多久，她就因工作出色而被破格调英国某大报记者处做翻译。该报的首席记者是个名气很大的老太太，得过战地勋章，授过勋爵，本事大，脾气也大，把前任翻译给赶跑了。刚开始时她也不要任小萍，看不上她的资历，后来才勉强同意试一试。结果一年后，老太太经常对别人说："我的翻译比你的好上十倍。"不久，工作出色的任小萍又被破例调到美国驻华联络处。她干得同样出色，不久即获外交部嘉奖……

任小萍女士的职场经历说明了，没有平凡的工作，只有平凡的人。当你把普通的工作作出了不平凡的业绩，你优于他人的价值才会彰显出来，才会让老板看到你胜任承担更大责任的工作的能力。

你积累的工作经验，也会帮助你干好新的更充满挑战性的工作。

凡是做营销的人没有不知道乔·吉拉德的，他被认为是"世界上最伟大的推销员"。他是如何成功的呢？乔·吉拉德认为："卖汽车，人品重于商品。一个卓越的汽车销售商，肯定有一颗尊重普通人的爱心，他的爱心体现在他每一个细小的行为中。"

有一天，一位中年妇女从对面的福特汽车销售商行走进了吉拉德的汽车展销室。她说，自己很想买一辆白色的福特车，就像她表姐开的那辆，但是福特车行的经销商让她过一个小时之后再去，所以先过这儿来瞧一瞧。"夫人，欢迎您来看我的车。"吉拉德微笑着说。妇女兴奋地告诉他："今天是我 55 岁的生日，想买一辆白色的福特车送给自己作为生日的礼物。""夫人，祝您生日快乐！"吉拉德热情地祝贺道。随后，他轻声地向身边的助手交待了几句。吉拉德领着夫人从一辆辆新车面前慢慢走过，边看边介绍。在来到一辆雪佛莱车前时，他说："夫人，您对白色情有独钟，瞧这辆双门式轿车，也是白色的。"就在这时，助手走了进来，把一束玫瑰花交给了吉拉德。他把这束漂亮的花送给夫人，再次对她的生日表示祝贺。那位夫人感动得热泪盈眶，非常激动地说："先生，太感谢您了，已经很久没有人给我送过礼物。刚才那位福特车的推销商看到我开着一辆旧车，一定以为我买不起新车，所以在我提出要看一看车时，他就推辞说需要出去收一笔钱，我只好上您这儿来等他。现在想一想，也不一定非要买福特车不可。"

后来，这位妇女就在吉拉德那儿买了一辆白色的雪佛莱轿车。

这就是细节的力量，看似非常小的细节，实际上是营销者们打动客户的杀手锏。为了赢得客户，销售人员在每一个细节上都"火拼"，因为他们深深地感受到细节给他们带来的是订单、是客户、是销售量的增长。

正是这些小小的细节感动了客户，为吉拉德赢得了生意。许多细小的行为积累起来为吉拉德创造了空前的效益，使他的营销取得了辉煌的成功，他被《吉尼斯世界纪录大全》誉为"全世界最伟大的销售商"，创造了 12 年推销 13000 多辆汽车的最高纪录。有一年，他曾经卖出汽车 1425 辆，在同行中传为美谈。

　　"勿以善小而不为，勿以恶小而为之。"细节就像人身上的细胞一样，虽小却举足轻重！从细节中见真知，寻求人生成功的突破口。细节的重要性，被太多的人忽视了，一些人总是眼高手低，不善于从小事入手，从细微处做起，以至于每天能做的一切都只是大而不实的空架子。毫无疑问，这些细节实在是成功的关键！细节决定人生成败。不注重细节就会误大事，注重细节就会成大事。谁忽视了细节，谁就不可能取得卓越的人生，谁在细节上下了真工夫，用了真心，那么谁就会赢得卓越的人生！细节之中隐藏的极大的机会实在不容忽视！所以，不要忽视生活中的点滴小事，小事情自有大讲究。

伟大的发现常常由细节而始

　　世界上许多惊世骇俗的发现，往往是在一些小细节中获得的。而很多天才，也正是把握住了这些细节，才使得他们成为一个天才。一般人看到澡盆里的水溢出，最多会说一句："水太多了。"而阿基米德却从中悟出浮力定律；一般人看见苹果砸在自己的头上，他们最多会骂上一句："太晦气了。"而牛顿却发现了万有引力；一般人看见雷鸣电闪，最多会以为那是上帝在发怒，而富兰克林却因此探得电的本质。查尔斯·狄更斯在他的作品《一年到头》中写道："有人曾经被问到这样一个问题：'什么是天才？'他回答说：'天才就是注意细节的人。'"

　　有一个荷兰眼镜制造商的儿子，在同他的兄妹们坑耍时，偶然把两个镜片叠在了一起。他万分惊奇地发现远处教堂的尖顶一下子就跑到了面前来了。他们兄妹几个轮流看了几遍，都感到很惊讶，于是就跑到屋里去把他们的父亲请了出来，他们的父亲也是同样的不理解和万分的惊奇。同时，他觉得他似乎发现了一种可以为老年人的生活提供便利的工具，而且这一发现还可能给他带来巨大的利润。于是，他就去向伽利略请教，伽利略马上就意识到这一发现对于天文爱好者具有巨大价值。据此，伽利略制造出了一台原始的天文望远镜。就是利用这架天文望远镜，他在现代天文学有了伟大的发现。

无独有偶，戴维是法拉第的老师，他们一起在英国皇家学院工作。当时，奥斯特发现当导线上有电流通过时，导线旁的磁针就会发生偏转，皇家学会的一名叫沃拉斯顿的会员也很聪明，他想电能让磁动，磁为何不能让电动呢？便和戴维一起设计了一个实验，在一个大磁铁旁放一根通电导线，看它会不会旋转，结果没有成功，戴维和沃拉斯顿也就再不提此事。皇家学会两个权威失败了的实验，倒让没有什么名气的法拉第记在了心里。事后他独自一个人躲在实验室里来做这个试验，可他也失败了很多次。一次，他在河边散步，看见一个孩子划着一只竹筏，巨大的竹筏被一个不到 10 岁的孩子调动自如。这件小事令他茅塞顿开，他感到那导线不能转动是拉得太紧的缘故。于是，他回去在玻璃缸里倒了一缸水银，正中固定了一根磁棒，棒旁边漂一块软木，软木上插一根铜线，再接上电池。就是这一个小细节上的改变，他的试验成功了。

戴维和沃拉斯顿的失败，就是因为他们太粗心，而法拉第则不同，因为是学徒出身，又受过美术训练，因此养成了注重小事的性格。据说他每日必记日记，每次实验无论成功与否都要记，并注重记录任何小事的发生。因此，他制造了世界上第一个最简单的马达。而戴维因为对小细节的忽视，使得法拉第在科学界后来居上，超过了他的老师。

在伟大的雕塑家加诺瓦即将完成他的一项杰作时，有一个人在一旁观察。艺术家的一刻一凿看上去是那么地漫不经心，于是，他就以为艺术家只不过是在作样子给他看而已。但是，艺术家跟他说："这几下看似不起眼，好像没什么，但正是这一刻一凿才把拙劣的模仿者与真正大师的技艺区分开来。"

世界上的事物都是互相联系的，而这种联系常常表现为它们之间的各种相似，抓住这个相似点也即抓住了它们的纽带，伟大的发现常常由细节而始。那些被称为天才的人就是注意细节的人，这就是他们与凡人的最大区别。

无视小错，往往会酿成大错

只要你仔细观察就会发现，卓越人士从来不会因为错误小就放过错误，而失败者往往把小错不当成是错。很多人对一些小问题也不愿深究，听之任之。他们认为如果所犯的错误性质十分严重，一定会承认的。如果是芝麻大的一点小错，再那么认真地计较，也没什么意义。

巴西海顺远洋运输公司派出的救援船到达出事地点时，"环大西洋"号海轮已经消失了，21名船员不见了，海面上只有一个救生电台有节奏地发着求救的信号。救援人员看着平静的大海发呆，谁也想不明白在这个海况极好的地方到底发生了什么，从而导致这条最先进的船沉没。这时有人发现电台下面绑着一个密封的瓶子，打开瓶子，里面有一张纸条，用21种笔迹这样写着：

一水汤姆：3月21日，我在奥克兰港私自买了一个台灯，想给妻子写信时照明用。

二副瑟曼：我看见汤姆拿着台灯回船，说了句"这小台灯底座轻，船晃时别让它倒下来"，但没有干涉。

三副帕蒂：3月21日下午船离港，我发现救生筏施放器有问题，就将救生筏绑在架子上。

二水戴维斯：离岗检查时，发现水手区的闭门器损坏，用铁丝将门绑牢。

二管轮安特尔：我检查消防设施时，发现水手区的消防栓锈蚀，心想还有几天就到码头了，到时候再换。

船长麦特：起航时，工作繁忙，没有看甲板部和轮机部的安全检查报告。

机匠丹尼尔：3月23日上午，汤姆和苏勒的房间消防探头连续报警。我和瓦尔特进去后，未发现火苗，判定探头误报警，拆掉交给惠特曼，要求换新的。

机匠瓦尔特：我就是瓦尔特。

大管轮惠特曼：我说正忙着，等一会儿拿给你们。

服务生斯科尼：3月23日13点到汤姆房间找他，他不在，坐了一会儿，随手开了他的台灯。

大副克姆普：3月23日13点半，带苏勒和罗伯特进行安全巡视，没有进汤姆和苏勒的房间，说了句"你们的房间自己进去看看"。

一水苏勒：我笑了笑，也没有进房间，跟在克姆普后面。

一水罗伯特：我也没有进房间，跟在苏勒后面。

机电长科恩：3月23日14点，我发现跳闸了。因为这是以前也出现过的现象，没多想，就将闸合上，没有查明原因。

三管轮马辛：闻到空气不好，先打电话到厨房，证明没有问题后，又让机舱打开通风阀。

大厨史若：我接马辛电话时，开玩笑说我们在这里有什么问题？你还不来帮我们做饭？然后问乌苏拉："我们这里都安全吗？"

二厨乌苏拉：我也感觉空气不好，但觉得我们这里很安全，就继续做饭。

机匠努波：我接到马辛电话后，打开通风阀。

管事戴思蒙：14点半，我召集所有不在岗位的人到厨房帮忙做饭，晚上会餐。

电工荷尔因：晚上我值班时跑进了餐厅。

最后是船长麦特写的话：19点半发现火灾时，汤姆和苏勒的房间已经烧穿，一切糟糕透了，我们没有办法控制火情，而且火越烧越大，直到整条船上都是火。我们每个人都犯了一点错误，但酿成了人毁船亡的大错。

看完这张绝笔纸条，救援人员谁也没说话，海面上死一样的寂静，大家仿佛清晰地看到了整个事故的过程。

现实中的失败，常常不是因为"十恶不赦"的错误引起的，而恰恰是那些一个个不足挂齿的"小错误"积累而成的。一位伟人曾经说过："轻率和疏忽所造成的祸患将超乎人们的想象。"排除掉一些偶发的重大事故与损失，存在于日常中的马虎轻率，更是不胜枚举。

没有什么事是不可能的，任何一个小小的错误都有可能引起严重的甚至致命的后果，造成不可挽回的损失。因此，承认错误，勇担责任应从小错开始。假如你总是无视小错，而不去关注它、改正它，那么，失败必然会在离你不远的地方等着你。

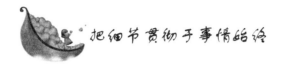

把细节贯彻于事情始终

老子曾说："天下难事，必作于易，天下大事，必作于细。"所以，一个人要成大事必须从简单的事情做起，从细微之处入手。纵观中外许多卓越人士的成功之道，其之所以能有杰出的成就，往往是因为他们始终把细节贯彻于事情始终。托尔斯泰曾说："一个人的价值不是以数量而是以他的深度来衡量的，成大事者的共同特点，就是能做小事情，能够抓住生活中的一些细节。"

在许多平凡琐细生活中，往往都含着一些酵质，假使酵质膨胀了，就会使生活起剧烈的变化，从而影响一个人一生的命运。

一个青年来到城市打工，不久因为工作勤奋，老板将一个小公司交给他打点。他将这个小公司管理得井井有条，业绩直线上升。有一个外商听说之后，想同他洽谈一个合作项目。当谈判结束后，他邀这位也是黑眼睛黄皮肤的外商共进晚餐。晚餐很简单，几个盘子都吃得干干净净，只剩下两只小笼包子。他对服务小姐说，"请把这两只包子装进食品袋里，我带走。"外商当即站起来表示明天就同他签合同。第二天，老板设宴款待外商。席间，外商轻声问他受过什么教育？他说，"我家很穷，父母不识字，他们对我的教育是从一粒米、一根线开始的。父亲去世后，母亲辛辛苦苦地供我上学。她说俺不指望你高人一等，你能做好你自个儿的事就中……"在一旁的老板眼里渗出亮亮的液体，端起酒杯激动地说："我提议敬她老人家一杯——你受过人生最好的教育。"

因将吃剩下的两只小笼包带走这样极其平凡的小事感动了外商，

135

使外商顺利地与他签订了合同，由此我们可以看出小事的威力。

这是一个相貌平平的女孩，在一所极普通的中专学校读书，成绩也很一般。她得知妈妈患了不治之症后，想减轻一点家里的负担，希望利用暑假这两个月的时间挣一点钱。她到一家公司去应聘，韩国经理看了她的履历，没有表情地拒绝了。女孩收回自己的材料，用手掌撑了一下椅子站起来，觉得手被扎了一下，看了看手掌，上面沁出了一颗红红的小血珠，原来椅子上有一只钉子露出了头。她见桌子上有一条镇纸石镇，于是拿来用它将钉子敲平，然后转身离去。可是几分钟后，韩国经理却派人将她追了回来，她被聘用了。

一个在爱中长大的人，他最好的回报也是爱。当爱促使一个人去做他很难做到的事情时，这足以证明爱的力量！小姑娘在细节上征服了韩国经理，在一件很细小的，与自己无关的事情上也能体现出对别人体贴和关心的人，她所受到的爱的教育无疑是成功的——这样的人谁不喜欢呢？

于细微处发现闪光的机会

机遇，是汉语语法的一种"倒装"结构，也就是"遇机"，即"遇到的机会"。然而，机遇又像爱玩捉迷藏的小孩儿，常常隐藏在偶然之中，隐藏在小事之中，不易为人发现。有成就的人往往有一颗"敏感"的心，于细微处发现闪光的机会。

王麻子剪刀是我国著名老品牌之一。王麻子的原名是王犟，是清朝顺治年间的北京人。

王犟年青时在北京南城的菜市口的一家剪刀作坊里当学徒。那时王犟长得眉清目秀，仪表堂堂，脸上并没有麻子。

有一天他师娘为他师傅炖了一只鸡，鸡炖好了，端出来放在他和师傅打造剪刀的桌子上晾着。桌子下面是盛着鸡血的盆。王犟在摆放剪刀时一不留神，失手将剪刀掉进了鸡血盆里。他慌里慌张地弯腰去捡。慌乱中碰翻了桌上的鸡汤，滚烫的鸡汤四处飞溅，烫得王羣满脸大水泡。就这样，王羣成了后来人们说的王麻子。

当王羣从鸡血里捞出剪刀擦干后发现，这把剪刀格外明亮锋利，几近吹毛立断。平日里就聪明伶俐好动脑子的他没有轻易放过这一偶然现象，他反复琢磨，从鸡血里捞出的剪刀为什么会如此光亮、锋利？后来他终于从中总结出一个秘方，把打好的剪刀放在动物血里会使其更加锋利无比。

从此以后，他打造的剪刀越来越畅销，名气也越来越大。人们送给他的绰号"王麻子"，"王麻子剪刀"也就越来越响了。

王羣抓住细节问题不断思索使"王麻子剪刀"成了老字号，使它出了大名。如果他不是个有心人，恐怕也会和许多人一样，视其为无物，如过眼云烟般让好运从自己的手中溜走，错失了这一重大发现的大好机会。

事实上，机会总是隐藏于意外事件中，留心细节，就是留心机会，抓住细节，便也抓住了机会，抓住了机会你就能成就一份属于自己的辉煌。

意大利曾经有一位年轻的穷学生让保罗，有一天，他拿着一封介绍信走进罗马佛奇康图书馆求见馆长，想谋取一份暑期工作。在等馆长时，他信步走到书架房，浏览各种图书，其中一本精装本《动物学》引起了保罗的兴趣。当他翻阅到最后一页时，发现有一行用红墨水写的小字，告诉读者到罗马一个继承法院去请求取出 M 号文件。在好奇心的驱使下，保罗来到了那个法院。原来，该书作者鉴于无人欣赏他的著作，一气之下，便把他的著作全部烧毁，仅留下一本赠送给佛奇康图书馆，并立下遗嘱把他的全部财产赠给他的第一个读者。保罗因此一蹴成为拥有 400 万里拉财产的富翁。

好运的人要时时、事事做个有心人，勤于动脑，多问几个为什么，多展开一些想象和联想，使我们对事物本质的认识、把握及利用的水平，再提升一个档次。不管是现在，还是将来，紧抓细节对于一个有成就的人来说都是非常重要的认识手段和方法。

看不见小事，或者不把小事当事的人，无疑是个工作不细心的人，这样的人，即便机会摆在他面前，他也让其从指尖悄然溜走。

小胡和小张同时应聘进了一家中外合资公司。这家公司待遇优

第五章　注重细节的卓越个性

厚，个人的发展空间也很大。他们俩都很珍惜这份工作，拼命努力以确保顺利通过试用期，因为公司规定的淘汰比例是 2∶1，也就是说，他们俩必须有一个会在 3 个月后被淘汰出局。

小胡和小张都咬着牙卖劲地工作，上班从来不迟到，下班后还要经常加班，有时候还帮着后勤人员打扫卫生、分发报纸……

部门经理是一个和蔼可亲的人，他经常去两个人的单身宿舍和他们交流、沟通，这使他们受宠若惊。所以两人特别注意个人卫生，都把各自的宿舍整理得干干净净。

3 个月后，小胡被留了下来，小张悄无声息地走了。

半年后，小胡被提升为部门主管，和经理的关系也亲近了起来，便问经理当初他和小张表现几乎一样，为什么留下来的是他而不是小张。经理说："当时从你们中选拔一个是很难，工作上不分高低，同事关系也很融洽，能力也都不弱，而且都非常有上进心。所以我就常去你们宿舍串门，想更多的了解你们。结果我发现了一现象，你们不在的时候，小张的宿舍仍然亮着灯，开着电脑。而你的宿舍只要人不在灯便熄着，电脑也关了，所以我们最后确定了你。"

不要忽视任何一个细节，一个墨点足可将一整张白纸玷污，一件小事足可招人厌恶。在现代激烈的职场竞争中，细节常会显出奇特的魅力，它不仅可以提升你的人格，增加你的工作绩效指数，还可博得上司的青睐，获得更多的机会。

其实，小事本身就潜藏着很好的机会。如果你能从中敏锐地发现别人没有注意到的空白领域或者细小环节，以其为突破口，机会自然会掌握在你的手中。

在某跨国公司的杭州分公司，有一支很优秀的销售队伍，他们的团队成员每天讨论的是如何把商店的陈列达到最佳水准，竞争对手最近有什么动态，如何去阻击其他产品的竞争等。

当集团公司的市场总监和销售总监做市场检查的时候，不是穿着西装对销售人员进行指手划脚，而是和业务员一起动手理货，帮助他们做一些很细小的事情。

该公司的巧克力市场一直稳居市场占有率第一位，但这并非因为该公司跨国企业的背景或者广告做得好，更不是因为他们有什么

追求卓越的个性

特别诱人的促销方案或者因为让他们总是请大明星来捧场。这家公司成功的一个重要原因是它有着一群对每个销售环节都抠得很细的销售人员，他们对竞争对手的打击从来都是从每一个细节开始的。他们对细节的关注和对小事的秉持使他们在同行业内极具魅力，因此在订货会上，他们拿到的业绩总是其他公司的 4～5 倍！

以某一次秋季订货会为例，他们一年前就在全国选择了一个城市作为试点，全程拍摄了 VCD，并且对这个试验性会议做了很多仔细的研究，市场推广部也在这些研究的基础上制定了详细的"订货会操作流程手册"。在订货会之前，会议的组织者又一起去将要开会的城市进行了观摩，一起参加会场的布置、会议的安排并事先预演，然后和经销商一起在工作流程、会场布置、人员安排、客户邀约等可能出现问题的方面进行讨论并制定解决方案。

如此，他们将一个订货会的基本框架搭建完毕，在已经确保万无一失的情况下，接着开展订货会中的工作，哪怕再琐碎的小事，他们也会因准备充分而应付自如。

就是这些完善的准备工作，就是这些小事的积累，让这家公司赢得了经销商的心，赢得了整个巧克力市场的龙头地位。成大业若烹小鲜，做大事必重细节。平庸企业和杰出企业的差距就在这些小事上，这些看似不起眼的小事，一旦发挥效力，既可成为我们通向成功的良机，也可成为我们走向平庸的滑梯。

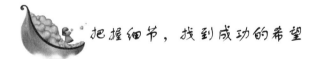

把握细节，找到成功的希望

每个人都有着自己的梦想，当梦想实现的那一刻，就是成功的时候。"泰山不拒细壤，故能成其高；江海不择细流，故能就其深。"古往今来，细微处的成败一直是成功者和失败者最大的区别。在生活中，因细节而成就大事的人，不可计数，但没有成功的人总比想象多的多。这是因为，他们忽略了细微之处。其实，一个能够把握细节的人总是能让优势倒向自己，这样，更容易掌握大局，更容易掌握自己的命运。而我们的梦想并没有想象中的那么远大，做好细微之处就已经足够了。

有这样一个故事：

有一个年轻人早年因家贫读不起书，只好去做买卖。年仅 16 岁的他从老家来到嘉义开了一家米店。那时，小小的嘉义已有近 30 家米店，竞争十分激烈。身上仅有 200 元资金的年轻人，只能在一条偏僻的巷子里承租一个很小的铺面。他的米店开办最晚，规模最小，更谈不上知名度了，没有任何优势。在新开张的那段日子里，生意冷冷清清，门可罗雀。

刚开始，这个年轻人曾背着米挨家挨户去推销，一天下来，人不仅累得够呛，效果也不太好。谁会去买一个小商贩上门推销的米呢？可怎样才能打开销路呢？年轻人决定从每一粒米上打开突破口。那时候的中国台湾，农民还处在手工作业的状态，由于稻谷收割与加工的技术落后，很多小石子之类的杂物很容易掺杂在米里。人们在做饭之前，都要淘好几次米，很不方便。但大家都已见怪不怪，习以为常。

知道了这点，年轻人却从这司空见惯的事情中找到了切入点。他和两个弟弟一齐动手，一点一点地将夹杂在米里的秕糠、沙石之类的杂物捡出来，然后再在自己的店里卖。一时间，小镇上的主妇们都说这个年轻人卖的米质量好，省去了淘米的麻烦。这样，一传十，十传百，米店的生意日渐红火起来。

但年轻人并没有就此满足，他还要在米上下大工夫。那时候，顾客都是上门买米，自己运送回家。这对一些身强力壮的年轻人来说不算什么，但对一些上了年纪的人，就是一个大大的不便了。加上年轻人都无暇顾及家务，买米的顾客又以老年人居多。这个卖米的人注意到这一细节，于是主动送米上门。这一方便顾客的服务措施同样大受欢迎。因为当时还没有"送货上门"一说，所以增加这一服务项目等于是一项创举。

年轻人送米，并非送到顾客家门口就了事，还要将米倒进米缸里。如果米缸里还有陈米，他就将旧米倒出来，把米缸擦干净，再把新米倒进去，然后将旧米放回上层，这样，陈米就不至于因存放过久而变质。他这一精细的服务令顾客深受感动，赢得了很多顾客的青睐。

如果给新顾客送米，年轻人就细心记下这户人家米缸的容量，并且问明家里有多少人吃饭，几个大人、几个小孩，每人饭量如何，据此估计该户人家下次买米的大概时间，记在本子上。到时候，不等顾客上门，他就主动将相应数量的米送到客户家里。

他精细、务实的服务，使嘉义人都知道在米市马路尽头的巷子里，有一个卖好米并送货上门的年轻人。有了知名度后，年轻人的生意更加红火起来。这样，经过一年多的资金积累和客户积累，他便自己办了个碾米厂，在最繁华热闹的临街处租了一处比原来大好几倍的房子，临街做铺面，里面做碾米厂。

就这样，这个年轻人从小小的米店生意发展成后来问鼎中国台湾首富的事业。他就是台湾几乎无人不晓的首富王永庆。王永庆把中国台湾塑胶集团推进到世界化工业的前 50 名。而在创业初期，他做的只是卖米的小本生意。

从王永庆的例子中我们可以看出，任何时候都不要以为创造就非得轰轰烈烈、惊天动地。把一粒米这样细小的工作做好同样也是一种创造，也是一种动力。细微可以节约成本，细微中隐藏着商机，细微中凝结着效率，细微能够产生效益，细微带来成功。

心理学家通过一系列的分析，得出了一个结论：人与人之间的能力，并没有太大的差别。他们发现，在 1000 个人中，只有 3 个人的能力稍强，也只有 3 个人的能力稍弱。但是，在生活中仔细的人就会从细微处找机会，可能走向成功，反之，粗心大意的人必定失败。

从细微之处，窥视成功秘密。细微之处，孕育着人性的闪光点，那是高尚品格的缩影，发现它，你便能够借着一枝红杏，让满园春色跃入眼帘。大海的每一次涌动，来源于不起眼的小水滴共同奔腾；春天的姹紫嫣红，离不开只有一种色彩的花儿齐心开放。不管是在生活、学习、还是在工作中，细微是必需品。把握细微，注重细微，揭开它，背后将会是一幅色彩斑斓的人生画卷。

141

重视微小信息才能获得好运

一个好的机会，总是不会被多数人遇到，因为它总隐藏得很严实，不易被大多数人发觉，不然，那就不算是一个好机会。好机会所透露的信息总是很微小的，一般人不会发现它。

十几年前，斯科鲁只是一家公司地位不高的小职员，平时的工作只是为上司干一些文书工作。跑跑腿，整理整理报刊材料等。工作很是辛苦，薪水也不高，他总琢磨着想个办法成大事。

有一天，他在经手整理的报纸上发现这样一条介绍美国商店情况的专题报道，其中有段提到了自动售货机。

上面写道："现在美国各地都大量采用自动售货机来销售商品，这种售货机不需要人看守，可一天 24 小时可随时供应商品，而且在任何地方都可以营业，给人们带来了方便。可以预料，随着时代的进步，这种新的售货方法会越来越普及，必将被广大的商业企业所采用，消费者也会很快地接受这种方式。自动售货机的前途一片光明。"

斯科鲁开始在这上面动脑筋，他想日本现在还没有一家公司经营这个项目，将来也必然会迈入一个自动售货的时代。这项生意对于没有什么本钱的人最合适。我何不趁此机会走到别人前面，经营这项新行业。至于售货机销售的商品，应该是一些新奇的东西。

于是，他就向朋友和亲戚借钱购买自动售货机。他筹到了 30 万日元，这一笔钱对于一个小职员来说不是一个小数目。他一共购买了 20 台售货机，分别将它们设置在酒吧、剧院、车站等一些公共场所，把一些日用百货、饮料、酒类、报刊杂志等放入自动售货机中，开始了他的事业。

不久，这一举措果然给他带来了好运。斯科鲁的自动售货机第一个月就为他赚到了 100 万日元。他再把每个月赚的钱投资于售货机，扩大经营的规模。5 个月后，斯科鲁不仅还清了所有借款，还净赚了 2000 万日元。

斯科鲁在公共场所设置的自动售货机，为顾客提供了方便，受到了人们的欢迎。一些人看这一行很赚钱，也都跃跃欲试。斯科鲁看在眼里，敏锐地意识到必须马上制造自动售货机。他自己投资成立了工厂，研究制造"迷你型自动售货机"。这项产品外观特别娇小可爱，为美化市容平添了不少光彩。

斯科鲁的自动售货机上市后，市场反应极佳，立即以惊人之势开始畅销。斯科鲁又因制造自动售货机而大赚了一笔。

成大事的人要有鹰一般的眼光和敏锐的头脑，不放过任何一个微小的信息，才能在别人注意不到的细节中发现机会，借机会成就自己的好运。

我们再来看一个故事：

美国德州有座很大的女神像，因年久失修，当地政府决定将它推倒，只保留其他建筑。这座女神像历史悠久，人们都很喜欢它，常来参观、照相。推倒后，广场上留下了 200 多吨废料，不能挖坑深埋，只能装运到很远的垃圾场去，这至少要花 25000 美元。

斯塔克知道这个消息，来到市政有关部门，表示愿意承担这件苦差事。他说，政府不必花 25000 美元，只需给他 20000 美元就行了，他可以完全按要求处理好这批垃圾。

政府当然很乐意这样做。

斯塔克请人将大块废料解成小块，然后进行分类：把废铜皮改铸成纪念币；把废铅、废铝做成纪念尺；把水泥做成小石碑；把神像帽子弄成很好看的小块，标明这是神像的著名桂冠的某一个部分；把神像嘴唇的小块标明是她那可爱的红唇……装在一个个十分精美而又便宜的小盒子里，甚至朽木、泥土也用红绸垫上，装在玲珑透明的盒子里。

斯塔克将这些纪念品出售，小的 1 美元一个，中等的 2.5 美元一个，大的 10 美元左右一个。最贵的是女神的嘴唇、桂冠、眼睛和戒指等，15 美元一个，都很快被抢购一空。

结果，斯塔克从一堆废物中净赚了 12.5 万美元。

这是一个信息时代，要获得好运，必须想方设法获得更多的信

143

息；哪怕是一个微小的信息，也不能放过！

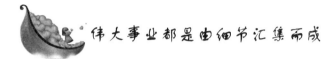
伟大事业都是由细节汇集而成

我们要想开创人生的新局面，实现人生的突破，就要学会关注细节，从小事做起。这样，我们才能够一步步向前迈进，一点一滴积累资本，并抓住瞬间的机会，实现人生的突破，踏上成功的道路。

鲁尔先生要雇一名勤杂工到他的办公室打杂，他最初挑选了一名男童。

"我想知道，"他的一位朋友不解地问，"你为什么选他，他既没有带介绍信，也没有人推荐。"

鲁尔说："你错了，他带了很多介绍信。在门口时他擦去了鞋上的泥，进门后他随手关门，这说明他小心谨慎。进了办公室，他先脱去帽子，然后回答我的提问，回答时干脆果断，这证明他懂礼貌而且有教养。所有其他的人直接坐到椅子上准备回答我的问题，而他却把我故意扔在椅子边的纸团拾起来，放在废纸篓里。他衣着整洁，头发干净。难道这些小节不是极好的介绍信吗？"

在一些公共环境中，人们对一个陌生人的了解，往往由他的小节所决定。在互不熟悉的情况下，人们在不知不觉中就会先入为主地认为一个小节常常反映出大问题。所以一个人在小节上的表现和修养，其实就是他身份的象征。

曼玲大学毕业了，很幸运地被一家中等规模的证券公司录用，十分兴奋，憧憬着大展拳脚。然而，踏上工作岗位才发现，对于新人，公司安排的实际工作并不多，倒是往往有很多杂七杂八的事情，例如发报纸、复印、传真、文件整理等。

同来的新人们觉得要他们大学生做杂活，未免有些大材小用，又觉得自己不受重视，不免满腹牢骚，便经常找借口推脱。曼玲心里也觉得有些委屈，回家就和母亲说起，身为职业女性的母亲笑了笑，说："小事不做，焉能做大事。须知，由细微处方见真品性。"

于是曼玲不再和大家一起发牢骚，见到别人不愿意做的琐事，她便接过来做，慢慢地就忙碌了起来，有时甚至要加班加点。其他新人有些笑她傻，说有时间多休息休息不好吗；有些就说她贪表现，说不用这么拼命吧。不管别人怎么说，曼玲总是笑而不语。

其实，曼玲一点一滴的工作，部门主管都看在眼里，便开始逐渐选择一些专业的工作给她。公司的老员工也喜欢这个手脚麻利、不挑三拣四的"傻女孩"，平时也颇乐意将自己多年的工作心得传授给她，并将公司里人际关系上的微妙之处向曼玲点拨。逐渐地，曼玲工作上越来越顺手，在人际交往上的分寸也把握得越来越好。

有了这么好的群众基础，又有了那么好的工作成绩，在讨论新人转正的问题时，曼玲自然成了第一批转正的新人，并且被安排到了她最向往的岗位，成功地踏出了职业生涯的第一步！

不要忽视小节，这在现代职场上已被奉为金玉良言。

在你过去的工作中，有没有认认真真地做好过每一件小事？要知道，一个微小的细节也许就改变了你人生的命运。具体来说，工作中的细节主要体现在以下几个方面：

保持办公桌的整洁。如果你的办公桌上堆满了信件、报告、备忘录之类的东西，就很容易使人有混乱感。更糟的是，零乱的办公桌无形中会加重你的工作任务，冲淡你的工作热情，使你很难很快地投入到工作中去。一位成功学家说："一个书桌上堆满了文件的人，若能把他的桌子清理一下，留下手边待处理的一些工作，就会发现他的工作更容易些。这是提高工作效率和办公室工作质量的第一步。"因此，要想高效率地完成工作任务，首先就必须保持办公环境的整洁有序。

不要经常缺勤。缺勤在很多员工看来是一件小事，但是，这件事情关系到你个人和公司的利益。因为在公司的老板看来，出勤率高的员工无疑对公司更加负责。你应该尽一切努力来保证出勤，因为缺勤会使你在无形中损失很多机会。

不要把请假看成一件小事。请假无疑会影响你的工作进度，即使你认为工作效率较高，认为耽误一两天也不会影响工作进度，那也不能轻易请假，因为你身处的是一个合作的环境，你的缺席很可

145

能会给其他同事造成不便，影响其他人的工作进度。所以不要将请假当成一件小事，或者当成只是你一个人的事。

不闲聊，不干私活。就员工个人而言，利用上班时间处理个人私事或闲聊，都会分散注意力，降低工作效率，进而影响工作进度，造成任务不能按时完成。所以，把办公时间全部用在工作任务上，是必要的，也是必须的。

下班后不要立即回去。下班后要静下心来，将一天的工作做个简单总结，制定出第二天的工作计划，并准备好相关的工作资料。这样有利于第二天高效率地开展工作，使工作按期或提前完成。离开办公室时，不要忘了关灯、关窗，检查一下有无遗漏的东西。

世界上许多伟大的事业都是由点点滴滴的细节汇集而成的。在细节上能够表现好的人，他在成功之路上一定会少走许多弯路。同样，工作中很多细节会影响到我们的事业和前途。如果你想有所成就，取得更大的成功的话，就不要忽视这些细节，以免因小失大，给你的人生和事业带来重大的损失。

 ## 成大事应重视微不足道的机会

人欲成大事应该重视那万分之一的机会，哪怕是一些微不足道的事情，你也要重视。因为你抓住了它，它将有可能给你带来意想不到的成功。美国麦当劳集团创始人克罗克就曾说："如果你对某种事物深信不疑，你就必然达到成功的领地。冒着理性抉择的危险，正是挑战的真正精神所在，而且这也是相当值得回味的。"

社会是一条河，人生就像流水，社会千变万化，人生也有各式各样的际遇。有的人在同一个地方打转，有的人则乘着急流奔腾前进。一个有胆有识、有自信心的人，必须勇敢地挺身而出，顺着急流去寻找机会。

有一次，约翰·甘布士要坐火车去纽约，但没有事先订好票，这时恰逢圣诞前夕，赶到纽约去度假的人非常多，车票早已售完了。

看到这样的情形，甘布士并不泄气，仍旧提着行李，赶到车站里去，目的是等待有人退票。

有没有人退票，他并没有把握，但心里存着一线希望。甘布士在车站售票处等了很久，不见有人来退票，尽管乘客们已经开始接踵上车了，但甘布士仍没有离开那里。

到了距开车时间仅剩 5 分钟的时候，一个女人匆匆忙忙地赶到售票处，因为她的女儿突然发病，所以她不能乘这班列车了。甘布士终于如愿以偿地到了纽约。

他抵达纽约之后，高兴地打电话给妻子，对她说："亲爱的，我抓住那只有万分之一的机会了，因为，我相信一个不怕希望落空的人，可以达到自己的目的。"

不久，达维尔面临前所未有的经济萧条。不少工厂和商店纷纷倒闭，被迫削价抛售自己堆积如山的存货，价钱低到 1 美元可以买到 100 双袜子。那时，甘布士还只是一家织造厂的小技师，当他察看了市场以后，便决定用自己攒的钱来收购低价货物。大部分人都嘲笑说，他这样做是愚蠢的行为，准会吃亏的。

甘布士并不理会别人的冷嘲热讽，大量收购。这些贱价的货物收购得太多了，他就租了一个很大的货仓，把这些物品贮积起来。

又过了 10 多天，那些工厂的产品连削价抛售都找不到买主，便把所有的存货搬出来用火烧毁，借此稳定市场的物价。

他的妻子看到别人在烧毁货物，心里焦急起来，忍不住抱怨丈夫不该这样浪费钱财。

甘布士对妻子的抱怨保持沉默。

不久以后，美国政府为了挽救不景气的现状，采取紧急措施，很快就稳定了达维尔地方的物价。随后，又采取各种措施，援助当地的厂商复业。

这时，由于达维尔地方的存货殆尽，物价一天天飞涨。甘布士意识到自己发财的机会到了，立即把库存的大量货物抛售出去，赚了一大笔钱，也使市场物价得到了稳定。

就在他大量抛售货物时，他的妻子又来劝告他，不要这样急着把货物卖出去，因为市场物价还在上涨。他对妻子说："该是抛售的

时候了，再拖延一段时间，我们就要少赚很多钱了。"

果然，甘布士的存货刚刚售完，物价就跌了下来。从此，妻子对他的胆识和驾驭机会的能力信服不已。

甘布士决定不再去制造厂做技师了，立志在商海中创业，迎浪搏击，实现自己更有价值的人生。

他用赚来的这一大笔钱，开设了 5 家百货商店。由于他有胆有识，知道审时度势，加上经营得法，生意越做越兴旺。

甘布士终成大业，一跃成为当时全美国举足轻重的商业巨子。

后来，他在一封写给青年的公开信中这样写道："亲爱的朋友，我认为你们应该重视那万分之一的机会，因为你抓住了它，将有可能给你带来意想不到的成功。有人会说，这种做法是愚蠢人的行为，比买奖券的希望还渺茫。但是，我认为这种观点有失偏颇，因为，奖券是由别人操持的，你丝毫没有主观努力的条件。但这万分之一的机会，却完全是靠你自己的主观努力去完成。"

社会上的任何一种潮流或趋势，都不是一朝一夕就发生的，人们若能准确地预测到未来，就能有方法去按照未来的市场需求，做好准备工作。甘布士的好运，就是最好的例证。成大事的人应具备的素质是多方面的，尤其要具备在别人所忽视的小事情中发现机遇的能力。倘使你拥有了这些必备的素质，你就付诸行动吧，总有一天，你也可以像甘布士一样，成就大业。

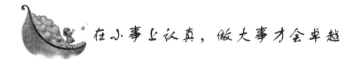

在小事上认真，做大事才会卓越

在小事上认真的人，做大事才会卓越。有位智者说："不关注小事或者不做小事的人，很难让人相信他会做出什么大事。做大事的成就感和自信心是由做小事的成就感和自信心积累起来的。"可惜的是，许多人在生活中往往忽视了它，与那些能够改变其人生的小事情擦肩而过。

汉瑞从一家名牌大学毕业后，进入了一家跨国公司。他外表气宇轩昂，工作业务方面的技能也很优秀，更可贵的是他工作起来特别努力，所以老板很器重他，认为他是一个可塑的人才，决定把他送到美国培训一年，回来后委以重任。

在出发的前一天，老板很偶然地发现汉瑞将掉在办公室地上的废纸踢向一边，而不是捡起来扔进垃圾筒内。这可是举手之劳啊！于是，老板便在这一天特别留意他的一举一动，发现他用完餐后，不但不擦桌子，还把餐具随便乱放，不摆放在指定地点，甚至还随地吐痰……

老板对他感到十分失望，这样一个连最基本的工作细节都不注重的员工，怎么能成为一名优秀的管理者呢？又怎么能对企业高度负责呢？于是，老板临时改派另一名员工去培训，而他则留在了平凡的岗位上，后来，汉瑞被公司辞退了。

细微之处见精神，有做小事的精神，才能产生做大事的气魄。生活中任何一件小事都能体现一个人的智慧和美德。而我们常说的细节，就是日常生活中的小事情。关注细节，就是留意身边的小事情。工作中越是细小的东西，越能体现你对工作认真、敬业程度，越能检验你对公司的忠诚和你为人的品质。

美国黑人杰克·华盛顿年轻的时候，到一所大学校去，请求入学。会见他的是一位女职员，因为看到他衣服褴褛，不肯收他。他独自坐在那里长达几个小时之久。那位女职员感觉很奇怪，便告诉他说校中有一间屋子，需要人清扫，问他能否做这件事。杰克喜欢极了，他勤快洗刷地板，擦拭桌椅，把那间屋子清理得没有一点尘垢。过了一些时候，那位职员来到这间屋子里，拿出雪白的手帕擦拭桌椅，白手帕上竟没有一点污秽，便允许杰克入校读书。杰克视这件事为他一生中的快事。那个职员就是要借着这件微不足道的工作试验一下华盛顿·杰克的人品，看看他是否谦卑，是否殷勤，是否细心干小事。如果他觉得能否被收留还没有把握，怎么甘心做这种义务的苦工，因此不肯打扫这间屋子，或是虽然打扫，却是草草了事，试想那个职员能收留他吗？这个在小事上细心认真的青年人后来果真成就了大事，兴办了黑人的教育事业，不只赢得了千万黑人的爱戴，而且受到千万白人的尊敬。

许多白手起家而事业有成的人，在当小学徒或小职员的时代，就能以高度的热忱和耐心去对待工作中每一件小事。因此，他们在教育子女时总是会不厌其烦地说一个人要建功立业，需从一件件平平常常、实实在在的小事做起。那种视善小而不为，认为做好小事属"小儿科"的眼高手低的人，那种长明灯前懒伸手、老弱病残不愿帮的"不拘小节"的人，很难有所成就。一个有志有为的人，必须自觉地从身边的"小事"做起，因为在小事上认真的人，做大事才会卓越。

第六章　学习创新的卓越个性

　　卓越人士的成功包含人生的成功和事业的成功，而这两者都离不开知识，所以说知识决定命运。

知识决定命运，学习造就自己

卓越人士的成功包含人生的成功和事业的成功，而这两者都离不开知识，所以说知识决定命运，主要有两方面的含义：一是指知识本身所具有的前所未有的巨大功能；另一方面，知识能够改善人的心态，重塑人的性格，从而通过学习造就成功的人生。

歌德说："人不只是靠他生来就拥有的一切，而是靠他从学习中所得到的一切来造就自己。"

对此，许多智圣先贤，已有过明确而精彩的论述，兹举几例如下西汉学者扬雄说：

"学者，所以修性也。视、听、言、貌、思，性之所有也。学则正，否则邪。"

曾国藩认为，人之气质，由于天生，本难改变，惟读书学习可以改变人。

培根在《论读书》中写道：

"读史使人明智，读诗使人聪慧，演算使人精密，哲理使人深刻，伦理使人有修养，逻辑修辞使人善辩。"

显然，学习可以改变人的智商和情商。

休谟则从另一个角度论述道："认真留意于科学和文艺，能使心性变软和富于人情，使良好情感欢乐，而真正的美德和尊严就在其中了。一个有鉴赏力和学识的人连个正派人也算不上，这种情况是很少的，尽管他会有种种毛病。由于他的心灵致力于思考学问，必定能克制自己的利欲和野心，同时必定能使他相当敏锐地意识到生活中的各种礼节和责任。他对品格和作风上的道德差别有比较充分的识别力。他在这方面的良知不会被削弱，相反会由于思考而大为增进。

"除了这些气质性格上的潜移默化，上述研究和运用还可能产生其他作用。教育的丰硕成果能使我们确信，人心并不全是冥顶不可雕的，可以探根求源对它进行许多改造。只要让一个人给自己树立一个他所赞美的品格榜样，让他好好熟悉这个榜样的具体特点以便塑造自己，让他不断努力地警惕自己，避开邪恶一心向善，我不怀疑，经过一段时间，他就会发现他的品格有了一个较好的变化。"

相反，一个不读书、不求知的人，他的生活是怎样的呢？

林语堂先生在《读书的艺术》里说："一个没有养成读书习惯的人，以时间和空间而言，是受着他眼前的世界所禁锢的。他的生活是机械化的、刻板的；他只跟几个朋友和相识者接触谈话，他只看见他周遭所发生的一切事情。他在这个监狱里是逃不出去的。"

可是，当他拿起一本书的时候，情况就不同了。

"他立刻走进一个不同的世界。如果是一本好书，他便立刻接触到一个世界上最健谈的人。这个谈话者引导他前进，带他到一个不同的国度或不同的时代，或者对他发泄一些私人的悔恨，或者跟他讨论一些他从来不知道的学问或生活问题。"

歌德又说："读一本好书，就是和许多高尚人谈话。"

求知、学习就是置身于一个成功的环境，就是聆听贤达的教诲和指教，就是与成功者做朋友，就是向成功者学习成功的方法。

知识是创新的准备，是竞争力的"内功"，是成功的积累。

特别是在竞争日益加剧的环境里，等到对手碰面时，胜负其实早已定了。就像"华山论剑"，最终是靠内功，靠武学的修行和领悟（即学习与创新）而决雌雄定乾坤。因此竞争早就开始，比的就是"准备"，比的是日积月累，未曾交手，胜负已决。

这种积累和准备，泛一点说，就是知识的积累和准备，具体点说，就是心态的准备、目标的准备和行动的准备。

爱迪生曾说："知识仅次于美德，它可以使人真正地、实实在在地胜过他人。"

没有知识的一生，你不会找到什么，也不可能碰到什么。

知识的准备和积累，不仅仅是书本知识，而应该是广义的知识。

学习接触新知，通过"闻知"和"亲知"得到"说知"，于是新的想法（知识）产生了，因此，学习就能创新，学习就是创新。

如前苏联科学家齐奥尔科夫斯基所言：

153

"我在发明创造中学习。"

在学习中创新，在创新中学习，学习创新，创新学习，循环往复，不断进步。因此，广义的说，学习是创新的唯一捷径，也是成功的唯一捷径。

成功无止境，创新无尽时，学习无绝期。

《国语》记载晋文公向臼季学习读书，过了三天，文公说：

"我觉得一时用不上，知识倒是增长了。"

臼季回答说：

"既然知识多了，等到用得着的时候，不就比未学者要强吗？"

难怪美国哲学家、诗人桑塔亚那如此断言：

"即使最聪明的智者也要永远学习。"

成功的人生，应该是像河流。无论多少艰难险阻，始终矢志不渝，不断吸纳，不断积累，不断准备，终会漫溢而过、破决而出，这就是孟子所谓的"盈科而后进"。

 成功无止境，需要终生学习

成功无止境，成功需要终生学习，尤其是信息革命时代，每一个欲成大事的人都应该认识到，学习将成为终生的需要。

过去一个人只要学会一技之长就可以终生享用，现在就不行了。今天还在应用的某项技术，明天可能就已经过时了。知识、技术更新换代的速度让人目不暇接，要使自己能够跟上时代发展的步伐，就要不断地学习。

其实，中国古代哲人荀子早就说过："学不可以已。"人如果停止学习，就会退步。从人的自我发展和自我实现来说，一旦停止学习，也就到头了。

我们今天还谈不上到头不到头的问题。我们多数人还在如何适应生存，如何才能发展自己的问题上思考着学习的重要性。如果停止学习，你就要落伍，就要被时代淘汰，你的生存就会受到威胁，

追求卓越的个性

就谈不上发展，更谈不上自我实现。

1994年，杨澜从一个学生成为《正大综艺》的节目主持人，把一个有着良好家教和较高文化素养的青春少女的形象和富有女性细腻情感的职业妇女的形象统一在一起，为我们创造了一种既高雅又本色，既轻松又令人回味的主持风格。

在完成了《正大综艺》200期制作之后，杨澜跨越太平洋去了美国，攻读哥伦比亚大学国际传媒硕士学位。

当时很多人都不理解，因为杨澜已经取得了成功，已经成为世界级的著名节目主持人，她完全可以在她的地位上享受她已经获得的荣誉。但是，越是有功底的人越能体会到功底和学识的重要，越能产生在功底和学识上进一步提升自己的渴望，所以杨澜离开了众人羡慕的主持人位置，去美国读书，又成了一名学生。

当杨澜再一次出现在媒体上时，她的形象发生了很大的变化。她的境界提升了，她在自己的人生道路上又上了一个台阶。

人的潜能是很大的，成功没有止境，学习也是没有止境的。

不断的学习，你就会有不断的进步。

有些人浅尝辄止，满足于一时的成功。他们虽然值得庆贺，但不值得人敬佩。只有那些不断进取，不断超越自己的人才值得我们敬仰。

过去，我们也爱说这样一句话：活到老，学到老。

因为，现代社会的发展变化是很快的，一个人一旦停止了学习，他就会成为社会的落伍者，他将在快速发展的社会里找不到自己的位置。

斯托·卫尔原来想做一个营造工程师，并且一直在这方面学习专业知识，武装自己，但是，在美国经济大恐慌时期，他找不到他的就业市场，也就是说，他所学的专业知识没有用武之地，他无法实现原来的梦想。

他重新估量了自己的能力，决定改行学习法律。他又一次回到了学校，去学将来可以当法人律师的特别课程，很快，他学完了必修课程，通过了法庭考试，很快就执业营运了。

斯托·卫尔回学校上课的时候，已经年逾不惑，并且成家立业，

155

更加令人感动的是，他不回避困难，而是仔细挑选了法律最强的多所院校去选修高度专业化的课程，一般法学系学生需要四年才能上完的课程，他只花了两年就读完了。

很多人会找借口说："我已经太老了，学不懂了。"或者说："我有一大家子人等着我去养活，哪有时间去学习？"这实际上是人性中不可救药的弱点。人都有这个弱点，就是得过且过，苟且偷安，贪图享受，安于现状。

其实，人生有很多个层次，要想达到最高层次的人生境界，人就必须用一生的时间去学习，去努力。满足现状，就等于自己宣告自己生命的结束。

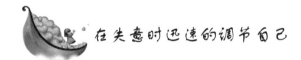

在失意时迅速的调节自己

不要小看心理自我调节，有的人能忍受严重的挫折而不灰心，有的人仅仅遇到不太重的挫折就意志消沉。卓越人士往往能够在失意时迅速的调节自己，使自己始终保持最佳状态。

在漫长的人生道路上，情场失意、金榜落第、工作棘手、事业无成、天灾人祸、健康不良等是很难幸免的。这些因素无论是来自主观的，还是来自客观的，都可能造成你的挫折。

所谓挫折，在心理学上解释为个体在通向目标的道路上遇到不可克服的障碍而产生的一种紧张的状态和情绪反应。一般地说，个体越是重要的动机受到阻碍，所感受到的挫折就越大。在通常情况下，个体遇到挫折时可产生多种多样的情绪变化和行为反应。如或是表现为对他人怒目而视、无理取闹、拳脚相向以及迁怒于物等愤怒情绪和攻击行为；或是表现为茫然无措、忧郁压抑、失去自信、心悸胸闷等焦虑感；或是表现为处事冷淡、无动于衷、麻木不仁、表情呆滞等冷漠的态度；或是表现为墨守陈规、执拗偏见、重复无效动作、拼命寻求老办法……如此等等，不一而足。因而，至少可以说，挫折会严重影响人们的生理健康和心理健康，这是毫无疑

追求卓越的个性

问的。

为了寻找切实有效的办法来应付挫折，有必要知道一下挫折是一种主观感受，客观上受着个体的容忍力和抱负水平的影响。容忍力是指个体遇到挫折时的适应能力。有的人能忍受严重的挫折而不灰心，有的人仅仅遇到不太重的挫折就意志消沉；有的人能忍受工作的挫折，却不能容忍自尊心受损；有的人能忍受生活的磨难，却受不了情场的失意等等。容忍力之大小与个体的生理条件、挫折的频数、解决的希望、过去的挫折经验以及对挫折的主观判断等因素有关。而抱负水平是指一个人对自己所要达到的目标规定的标准。比如说，甲一心想考取某名牌大学，而乙只求考取某地区师专，结果两人同时被某普通师范大学录取。这时甲为自己的失败深受挫折，乙却为自己的成功倍加欣喜。可见，对某人造成挫折的情况，对另一人来说未必也成为挫折。鉴于这些原因，有如下几条办法可供青年朋友遇到挫折时予以应付。

1. 正确对待挫折

用笑脸来迎接悲惨的厄运，用百倍的勇气来应付一切的不幸。

要晓得："天下事，有成功，也有失败；成功固足喜，失败也非无益。"当你面对挫折的时候，不要回避，不要气馁，要冷静地分析失败的原因，总结经验教训，在挫折中磨炼意志，继续奋斗。

2. 提高承受能力

国外有位叫布朗的心理学者说得好，一个人如果想没有任何阻碍，永远保持其满足水平和平庸状态，像母牛一样自得，那是既愚蠢，又颟顸的。为了提高承受挫折的能力，一方面对工作、学习和生活中可能遇到的困难和失败应有充分的心理准备，以防止或减轻一旦受到挫折时的沉重打击；另一方面，若能学些诙谐、幽默的谈吐，培养开朗、豪放的性格，养成乐观、深沉的处事态度，也将有助于提高容受挫折的能力。

3. 调整抱负水平

个人的抱负应符合主、客观的具体条件，实事求是，从实际出发而定。力避志大才疏，想入非非。要懂得人的抱负应该随时随地做适当的调整。否则的话，极易产生受挫感。如前面列举的甲同学在那个普通师大里仍不调整进名牌大学的抱负，其挫折感可能使他不但享受不到大学生的生活乐趣，无法安心学习，甚至连普通师大的毕业证书都拿不到手。反之，如果他现实一点，调整了抱负水平，先把功课学好，既可获得成功的喜悦，又可为来日再报考研究生进名牌大学创造有利条件。

4. 寻找补偿途径

当你在某一方面受到挫折时，可在另一方面谋求成功，从中获得心理上的快慰。

积极的补偿途径大致有两条：一条是"失之东隅，收之桑榆"。例如，情场失意者可埋头攻读，以求事业有成；数理化思维能力差的学生可竭力在文学、体育等方面一显才能。再一条是发愤图强，矢志不移。在受到挫折的时候，把眼光放远一点，想得开一点，以顽强的毅力和百折不挠的精神去转败为胜，转弱为强，从逆境中找有利条件。孔子厄而著《春秋》，司马迁腐而撰《史记》，可谓是这方面的范例。

相信，一个有志于成功的人，是不会因为个人的挫折而消沉的。

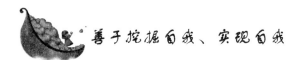

善于挖掘自我、实现自我

挖掘自我在某种意义上，揭示了人的心理活动。因为每个人都想实现自己的某种愿望，人的一生就是为了这个愿望而活。

挖掘自我、实现自我就是使人的愿望和潜能得到最大的满足。正是这种愿望才使得人追求成功人生。

在挖掘自我、实现自我的过程中，愿望和潜能是相互联系的。只有愿望而没有这方面的潜能，那么你的愿望就难以实现。具有某方面的潜能而没有这方面的愿望，那么也就难以自我实现。人的愿望与潜能的相互适应、相互磨合的过程只有在社会生活的时间中才能完成。

也就是说，人在生活中才能逐渐发现自己的愿望需要什么样的

潜能，自己的潜能可以实现什么样的愿望。

挖掘自己的长处并且发挥自己的长处，这需要很长一段过程，需要天时、地利、人和。

人的挖掘自我也就是在这种愿望与潜能的相互发现中实现的。这种发现也只有在社会实践中才能完成。也只有具备百折不挠的精神才能完成。

俗话说：不经一番寒彻骨，怎得梅花扑鼻香。在自我实现的道路上，总是充满了各种考验。受挫和失败是难免的。

很多人就是在这种考验中败下阵来，并不是说所有的失败都孕育着成功，成功只是留给能坚持到最后的人。

只要坚持到底，你就能体验到自我实现的快乐。

马丁·强生环游世界开始于14岁。父亲在堪萨斯州独立城做珠宝生意。他从小就帮忙解开来自世界各地的包裹。

看着来自巴黎、巴赛罗那、布达佩斯的行李袋，面对异国的情趣和多姿多彩的地方感到目眩神迷。于是他离家出走，穿过合众国，搭上前往欧洲的家畜船。一到欧洲虽然什么工作都可做，但却不一定有工作可做，在布鲁塞尔为温饱伤脑筋，束手无策，只好在法国西北不得布莱斯特港远眺大西洋的另一边。

绝望中，他得思乡病。在伦敦时曾在行李厢中过夜，他溜进驶进纽约的汽船的救生艇。原因是无计可施，只想回到故乡堪萨斯而去。

然而，就在他搭乘该船时，发生了一件小事改变了他的一生，开始追求冒险的壮举。他从向航海技师借来的杂志上看到了报道以《野性的呼唤》著名的作者杰克·伦敦所记载的事迹。于是他在船身仅30英尺长的"史纳可号"上写下了环游世界的航海计划。

强生回到故乡独立城后，立刻写信给杰克·伦敦。几张信纸洋溢着热情——"我曾出国旅行，口袋里只有三元五分，我由芝加哥出发，回来时还剩二十五分。"

此后的两个星期，他每天心焦地等待着回音。好不容易杰克·伦敦回信了。"会做饭吗？"只是简单的电报。然而，就是这一封没有礼貌的电报改变了强生一生的命运。

其实别说做饭，就连煮白水蛋都不会，他还是回了一封充满自信的电报——"让我试试！"

这一封电报实际上是强生自我激励的开始，从此，他努力不懈，开始向理想目标迈进。

打了电报后，他就到城里的餐厅，观看厨师工作。

不久，"史纳可号"要横渡太平洋驶往旧金山。当然，强生以火夫兼清洁工同行。他施展所学，不论是烤面包、菜肉蛋卷、肉汁或是布丁都会做。在出发前这些食用品均已买好。即使是盐及胡椒等，都买了可供船员3天使用的数量。

一面煮饭一面学习航海技术，他终于可以独当一面了。一天，由他一展技能，测定船位及画海图，当时船正顺风在太平洋中驶往关岛。但是，由他测定的结果，船却大大改变了方向。

对于这一空前大失败，他完全不放在心上。他仍然在继续少年梦想的冒险旅行。不管什么事都不能减损他的热情。有一次，有两个星期都没有饮水，所有人员在太阳的烤晒下奄奄一息。强烈日晒使甲板接缝处的沥青都融化了，成为如糖浆般的液态状。

从那时候至今已有30年了。这是变化无常的30年。这期间，强生从南洋地珊瑚岛，一直到非洲内地的林业区，横渡三大洋到世界各地流浪。他是深入黑非洲内地拍摄美国早期食人族电影的人。矮小人种的俾格米人、必须抬头仰望的巨人族、大象及长颈鹿等非洲野兽，他全都拍摄成电影，并将这些影片在全美各地放映。

在这30年中，他遇到过无数困难和风险，然而，自我激励的精神使他能够战胜困难，化险为夷。

马丁·强生的挖掘自我之路充满了艰险和考验，他没有退缩，克服了种种困难，以顽强的意志和毅力实现了自己的目标。

人生的目标容易设立，而实现目标的路却很难走，只有那些认准目标义无反顾的人，那些意志坚定、决不轻言放弃的人，才能达到挖掘自我的目的。

追求卓越的个性

知识的储量决定了创新的能量

"知"就是知道，"识"就是识别、见识；"知"是获得资讯，"识"是运用资讯，对某一事物的现状及其发展进行判断、把握和认识（远见卓识），即新知。"办大事由于才，而成大事却由于识。"知才能识，而识又决定了知的发挥方向和数量。

如果说创新是成功的常青树，那么知识就是滋养的长流水。

如果说潜能是创造力的根基，那么知识就是潜能的主要内容。

贝弗里奇在《科学研究的艺术》里写道："在其他条件相同的情况下，我们知识的宝藏越丰富，产生重要设想的可能就越大。此外，如果具有有关学科或者甚至边缘学科的广博知识，那么，独创的见解就更可能产生。"

知识二字很有意思。

有一个笑话是这样讲的：

古时候，在某地的大山沟里，有兄弟二人以打柴为生。有一天，兄弟俩一边磨斧头，一边闲聊。

弟："还是当皇帝好——皇帝砍柴用的斧头肯定都是金子的！"

兄："哎呀，我说弟弟，你怎么这样没见识——皇帝还用得着砍柴吗？皇帝一天到晚在皇宫里，净吃红薯蘸白糖！"

这就是兄弟二人的"知"和"识"。从而我们也很容易判断他们的潜能，他们的创新能力。正所谓见（知）多才能识广。愚昧，正是因为"愚"（无知），所以才"昧"（无识）。因此，潜能的大小及其发挥决定于知识的储量。正如哈里斯所言："没有起码的知识，就没有最简单的发明。"

据科学界传来的消息，"智能"的密码已被英国计算机专家汉特里克逊和他的妻子爱兰（一位神经生理学家）所破解。他们通过长期的研究和实验，发现人精确的记忆力、敏锐的理解力和活跃的想像力等一切反映智慧的能力，是由在脑神经元之间传递信息的能力所决定的，而信息传递所依赖的要素之一，是一种特殊的核糖酸。这种物质，主要是靠后天智力发育过程中不断激发而合成。这就是靠学习，靠训练，靠实践，靠思考，一句话就是知识。不断的新知促使脑细胞长出新突触（是否就是俗话说的"长知识"？），就像计算机的逻辑电路一样，每增加一条线路，就成倍的增长"思路"，进而使大脑里的信息大量"增殖"，从而达到创新的目的。

广告界有两条公理：创意，是旧元素的新组合。创造性思维源于联想。知识越丰富，联想才会越丰富，组合才会越丰富，创新能力才会越强。没有知识，联什么，怎么联？知识促进联想，联想又带动更多知识——潜能得以充分释放。

所以说，人的知识越多，工作就做得越好，感情也是一种知识。在知识的山峰上蓝得越高，眼前展现的景色就越壮阔。一个人的知识越多，他去获取新的知识就越容易。

随着知识的增长，我们的思想也必须重新加以组合。这种变化通常总是伴随新定律的出现，并按照要求而发生的。

因此，创新必然以知识为基础，必须以知识为基础。知识的储量决定了创新的能量。

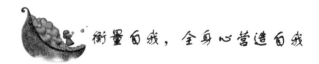

衡量自我，全身心营造自我

卓越人士在做事之前，会首先衡量自我，全身心营造自我。

爱默生有一句始终铭记在心的话："每一天都是一年中最好的日子。"这句话对我们寻找成功、追求幸福和体味成功很有用处。幸福不仅就在我们身边，而且还贯穿在每一天里。但事实上，我们似乎没有这样全面地感受过，甚至连一丁点幸福的概念都不曾闪现过。这样的人，太应该对幸福对快乐重新品味一番了。

过去一年的三百六十五天里，你有几天是的确过得心满意足的？假若你像大多数人一样，至少有过几天这样的好日子——足以使你念念难忘，但愿能有更多这样的日子。

每个人体内都有一种最有助于健康的力量，这就是良好的情绪力量。

人们都懂得厚积勃发的道理，要想成就一番事业，必先营造自我，要先把自己打造成一个健康快乐又有能力的人。

1. 对简单事物保持兴趣

有些事物就在你身边随时供你欣赏。不要养成以新奇为乐的习惯。著名植物学家殷格利殊，他已六十多岁了，对一切事物还是那么兴味盎然。他旅行不需要汽车。他走一千米所看到的有趣事物，比许多人坐车走了一万千米所见的还要多。每种草，每种灌木，每种树，他都认识。他知道何处长有粉红色的杓兰，知道何处可以看到毛边的水杨梅，知道如何诱使一只狡狐暴露它的窟。他懂地质、化石和岩穴。

他不是个卖弄学问的人，只是对万物都有兴趣，懂得享受人生的快乐。他会整个下午观赏一只跳跃不停的蜘蛛。如此看来，他比福特、洛克菲勒那些富翁加起来还要富有。

2. 不要老担心生病

世界上最痛苦的人，就是那些老以为自己身体有大毛病的人。他们总是担心自己机能失灵。每天早上醒来，就马上自问："我今天什么地方不舒服？"

有个很有趣的心理现象。我们要是突然问自己"我哪儿痛？"接着自己检查，准可发现真有地方在痛。对于一些无关紧要的小病痛，我们只要不断注意它，准可以把它弄成真病，很快就可加重十倍。

为了避免对健康作无谓操心，可请一位高明的医生每年做一次彻底检查——偶有疑虑，不妨检查得更勤些。一经证实自己健康无病，就不必再多管它。

患情绪病最少的人常是那些九口或十口之家的农妇，她们除了家务操劳之外，还要下田工作，身心忙碌，没有余暇去烦恼，因忙于照顾别人，根本没有空闲来想自己。有一次，一个医生问一位农妇可曾感到厌倦过（最普通的官能症之一），这位无病无愁的有福人对医生说："跟你说吧，25 年前我就学乖了，永远不问自己这个问题。"

追求卓越的个性

3. 尽量喜欢工作

凡是自以为不喜欢他的工作的人，在工作时就产生一种刻板、重复的不愉快情绪，情绪上发的疾病可能接踵而至。我经常建议不喜欢他工作的人去另谋他喜欢的工作做，可是后来发现，这人对第二个工作也不喜欢。问题的根源在于他根本不喜欢工作。一个人要是喜欢工作，领略到做一件工作那种自然的愉快，而对自己对社会有所贡献引以为乐，那么他工作的时候就会产生愉快的情绪。同时工作较多的人，常因事忙而没有时间"多想"。而"多想"就是多愁，工作则是良药。

4. 养成乐天愉快的习惯

幽默风趣或欢乐轻松，总是有益无害，而怨天尤人者却常成为医院常客。我认识一些公司企业的主管人，他们工作繁重，却总是和颜悦色，好像少女逛街一样的轻松愉快。这才是堪任艰巨而不会住进医院的人。

在家庭生活中，尤其应该养成和悦谈话的习惯。为了你自己，为了你的孩子和你的消化功能，不要在全家用餐时表露苦恼、焦灼、害怕、警告、责难。尤其重要的是，不能让家人养成一种错觉，以为人人都生性随便惯了，和悦态度与温和言辞是多余的。

5. 珍惜眼前好时光

有许多人生活在期望中，老是着眼于将来，完全失去了自己最有价值的东西——眼前的时光。高中学生盼望进大学；进了大学，盼望做工程师时的愉快；做了工程师，他以为要跟玛丽结婚、成家才会幸福；如此这般……永远在盼望。

终于有一天，盼望失去了光彩。这时候，一个人的思想、价值、动机都有一番巨大调整。他们开始呈现老态，意志消沉，从盼望将来一变而为回首当年（过去却已一去不返）。

其实，最可贵的是眼前时光。未来美景的最佳保证，莫过于善用眼前光阴，好好过眼前的日子，以有效的方式工作、思索和帮助人。只要你不断善用眼前光阴，将来必然会更美好。

激发潜能，潜能是创造力的根基

人生而平等，生而一样，捏着一对拳头赤条条来到世上，但为什么一旦呱呱坠地之后，创造力便会有大小之分，人生便会有成功与失败之分？

一方面是客观环境的原因，另一方面是人本身的原因。然而不论内因外因，关键就在于天赋与潜能是否被充分地开发和释放。潜能是创造力的根基。美国富尔顿学院心理系的一个报告证实了这一点，报告的结尾写道："编撰 20 世纪历史的时候，可以这样写：我们最大的悲剧不是恐怖地震，不是连年战争，甚至不是原子弹投向广岛，而是千千万万人生活着然后死去，却从未意识到存在于他们身上的巨大潜力。"

潜力也叫潜能，就是人可能发挥出来的最大能量（能力）。潜能＝智商潜力＋情商潜力或＝思维能＋行动能。据资料分析，人的潜能开发几乎是无穷无尽的。1980 年，著名的心理学家奥托指出："一个人所发挥的能力，只占他全部能力的 4%。"

据说像爱因斯坦这样伟大的天才，其潜能的发挥也还不到 10%。

潜能的开发应用决定了创新能力（创造力）的大小，而创新能力的大小又决定了成功的程度。因此，从这个意义上说，成功学也应该是一门潜能开发、应用的学问，一门有关创造、创新的学问。

一般人常以为潜能是天生的，是无法被人加以改进的。但是实际上，大多数人的潜能，都是被人唤醒，或是受刺激而突发的。

我们中间的大多数人都具有非凡的潜在能力，但这种潜能在大部分时间里都处在酣睡蛰伏状态，它一旦被唤醒，就会做出许多神奇的事情来。

在美国西部某城市的地方法院有一位审判官，他在中年的时候还是一个粗鲁的铁匠，但在他 60 岁的时候，他竟成了该市一座最大图书馆的主人，他被誉为该市第一个博览群书并为民众谋福利的人。

是什么使这位铁匠发生了一场生活革命？也许你们听了后都不相信，他只不过是偶然听到了一场关于"教育的价值"的演讲！是演讲者的睿智把他的潜能唤起，使他的志气觉醒，使他走上了自我发展的成功之路。

有这么几个人，他们直至生命的后半生才发挥出他们的才能。与上面那位铁匠相似，他们或是因为读了一本有激励性的书，或是因为听了一席令人兴奋的演说，或是因为遇见了一个能够了解他、信任他、鼓励他的朋友，于是潜藏在内心的潜能突然被唤起了。

你可以同那些信任你、鼓励你、赞许你的人住在一起；你也可以和那些永远嘲笑你的希望、挪揄你的理想、时常在你的热心上浇冷水的人住在一起。但这对于你的生命潜能的发挥，将产生天壤之别的影响。

当我们翻看印地安土人学校的毕业生照时发现，学生们个个都是服装整洁，容貌秀丽，眼睛中闪耀着志气的火焰。看到这些充满希望的照片时，我们是多么真诚地祝福他们将来能做出一番伟大的事业来呀！但是，他们之中除了极少数的例外，大部分学生在回到他们本族后，奋斗不了多长时间，就不由自主地降低了他们在学校时定下的标准，并一步步地重新坠入到他们祖祖辈辈已经习惯了的苟且安生的老式生活。很少人能继续磨砺坚强的意志、秉持高尚的品格，用钢铁般的意志抵御四周环境的影响。

当我们试着走进失败者的队伍中去讯问他们的得失时，你将会发现，大部分人之所以失败，都是因为他们从来就未发现能使之兴奋而鼓励他前行的环境，也就是说，他们的潜能从来就未曾被人唤醒过，这样，他们就没有力量从不良的环境中挣脱出来。

在任何情形之下，你都应不惜一切努力，投入能唤醒你的潜能、能刺激你走上自我发展之路的环境中。努力接近那些能了解你、信任你、能扶助你去发现自己、能鼓励你要尽百般努力的人。你的生命是以取得伟大的胜利而荣耀于世，还是苟且偷生地虚度一生，就全依赖于你的这一抉择。亲近那些力图在这个世界上有所表现的人吧——他们有高远的目标，有宏大的潜能；亲近那些精诚恳切的人吧——他们能乐于助人，助你努力服务于社会。潜能是能传染的，它能感染你所处的环境。那些在你周围的人在奋进的过程中所取得的胜利，会刺激并鼓励你做更艰苦的奋斗而达到他们的水准，取得更大的成功。假使我们有潜能而不想去实现它，那么我们的潜能将不能保持一种锐利而坚定的状态，我们的天赋也将变得迟钝而失去能力。

爱默生说："我最需要的，是一种能够使我尽我所能的人。"也就是说，"尽我所能"是我自己的事。不是尽拿破仑或林肯所能，而是尽我自己的所能。我能够在我的生命中贡献出最好的，抑或最坏的，能够运用我的能力达到 10% 、15% 、25% ，抑或 90% ，对于世界、自己，都将产生非常不同的结果。让我们看看下面这一情形吧！

"戴维斯先生，我的孩子马歇尔在你店里有何长进？"

农夫约翰·费尔特一面焦急地望着正在招呼顾客的儿子马歇尔，一面向他的老板打探着儿子的近况。

"约翰，我们是老朋友了。我本来不愿意伤你的心的，但是，你知道，我是个坦率的人，为了你孩子的前途，我不得不说老实话。"

在费尔特的真诚期待下，戴维斯继续向他谈论着马歇尔的事："马歇尔是个好孩子，本性不坏。但是他个性过于诚朴，不够机智。即使让他留在我店里一千年，也学不会像一个真正的商人，他生来就没有一个商人的样子。你最好还是把他带回乡下去，教他去学着耕地吧！"

假使马歇尔·费尔特当时真的一直留在戴维斯的店中当一个伙计，他的一辈子确实不会有什么转机。但是，他也没有跟随父亲回到乡下，而是独自跑到芝加哥去闯天下了。

初到芝加哥的时候，马歇尔只得到处去寻找适合自己的职业。在谋职的过程中，尽管有诸多的不顺，但他也并非一无所获。那些征聘伙计的老板，都这样告诫他：我从前也是从干最艰苦的工作和拿最低微的工资一步步奋斗过来的。正是有这些出人头地的神奇斗士做榜样，使他几乎泯灭的志气突然被唤醒，从此他心中燃起决心做一个大商人的希望之火。他一遍遍地反问自己："他们都可以做出如此神奇的事来，我为什么不能？"

经过多次的艰苦奋斗和长期不懈的努力，马歇尔·费尔特终于

167

成为了闻名世界的大商人。他非常感谢戴维斯先生当年对他的那种轻视所产生的刺激。

诚然，马歇尔也许原本就有成为一个大商人的资质的。不过，戴维斯的忠告，的确唤醒了他隐伏的潜力，打碎了他依赖他人的酣梦，帮助他摆脱得过且过的环境，促使他到大都市去奋斗，从而取得了最终的成功。

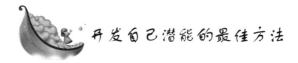

开发自己潜能的最佳方法

既使潜能开发应用的方法途径有许许多多，但从成功学的角度而言，主要有三个方面，即"诱、逼、学"。

1. "诱"就是引导

寻求更大领域、更高层次的发展，是人生命意识里的根本需求。"这山望着那山高"，"喜新厌旧"是人的根本特性。因此，具有主体自觉意识的自我，有理性的自我，是绝不愿意停留在任何一种狭小的、有限的状态之中的，而总是要想不断开拓以取得更大的发展，从而更好地生存。这种炽热的、旺盛的发展需要，是成功渴望的表现，是潜能蓄势待发的前兆。只要对这种发展意识给予有益的暗示、引发、规划和培育，就能把潜能很好地煽动起来，释放出来——通过"自我设计"和"自我实现"。

自我设计，就是根据社会的客观条件，自我的实际特质等诸多因素设计出自我潜能理想的实现方式，以便使自我得到最充分、最理想、最自由、最大最好的发展。

自我实现就是根据自我设计的道路，经过努力奋斗，把潜能完全发挥出来，实现自己的理想设计，使自己成为最理想的人。就自我本身而言，自我设计是十分必要的。没有自我设计，是缺乏主体自我意识的表现，其整个实践活动将是盲目的，因而也不可能有好的效果。自我设计是自我实现的基础，亦即是成功的基础，是自我实现的指导方针；自我实现则是自我设计的结果，是对自我设计的

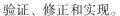

验证、修正和实现。

自我设计和自我实现有一条必由之路，这就是前面几个篇章已经论述过的"心态——目标——时间管理——行动"。这是一条潜能开发应用之路，一条创新之路，一条成功之路。我们的潜能因心态积极而开放，因目标明确而凝聚，因时间管理而高效，因马上行动而充分发挥，因求知创新而持续猛增。反之，必然因心态消极而封闭，因无目标而散乱，因无时间管理而浪费，因无行动而功亏一篑，因不求知创新而昙花一现。通过自我设计和自我实现的概念，可以看到，我们的"人生目标金字塔"与马斯洛的"层级需要"很好地对接在一起。从整个人生看，成功就是自我实现，人生终极目标的实现，就是最大的自我实现，最大的创新；从人生阶层看，达成每一个目标，都是一次自我实现，一次创新，一次成功。人是在一次次的自我实现中最终实现自我。正如古人所讲：不积跬步，无以至千里。

成功的渴望与生俱来，自我实现的意向人人都有，因而在各行各业的人中，都能见到因发挥出巨大潜能而自我实现的例子，但总体而言，自我实现的人毕竟是少数，也就是成功者总是少数。大多数人的确没有把潜能充分发挥出来，没有使自己得到更大的发展。

对此，马斯洛是这样解释的：自我实现的需要是最高层次的，因而最易受阻，阻碍最多；多数人惧怕自我实现所需要的对自己本身的认识，即无自知自明，易放弃已知的东西进入到不确定的状态，同时，人还受文化环境的限制及童年环境的不利影响。

所谓"惧怕自我实现所需要的对自己本身的认识"，即由于心态消极而关闭自己，不敢面对现实，认识自己，从而没有（或不懂得）作自我设计——这又说明了"心态"开口"目标"对成功的重要性。

世界上只有3%的人订立了自己的人生目标，而马斯洛估计达到自我实现的人仅1%，那么未达到的那2%问题在哪里？很显然，不懂"时间管理"或"没有行动"——这又说明了"时间管理"和"行动"对成功的重要意义。

请注意，我们鼓励自我设计和自我实现，并不是说要与社会、与他人相隔离而修炼成仙。恰恰相反，真正的自我设计，必须建立在社会环境的基础之上，真正的自我实现者，是在与社会和他人的和谐共处中才得以实现自我的。因此，自我实现本身必然伴随着人格的健全和完善。同时，成功者对社会的贡献，远远大于非成功者。因为他们的情感体验更为开阔、更为自发，因而也更有创造性、更有爱心。

调整心态，设定目标，马上行动——引爆自己的潜能，创新成功，实现自我。

2. "逼"就是逼迫

当我们邂逅一位曾经山重水复而后又柳暗花明的友人时，一翻唏嘘、一阵叹息之后，往往都会问：

"这些年，真不容易，你是怎么活出来的?"

"人都是逼出来的。"那位历经沧桑的老友会这样平淡地回答。

当我们的同事在意想不到的时间内完成了意想不到的业绩时，我们会充满敬意又略带醋意地搭讪："真想不到……怎么就给弄出来了?"

"还不都是逼的。"

"都是逼出来的。"

这样的话在生活中听到的次数实在是太多太多，可是又有谁想过，这平平淡淡的几个字，竟包含了多少感人的故事和成功的真谛!

"逼出来的"究竟是怎么一回事?

是人的潜能，是人的创造力，是创新，是发展。

日常生活中，人因被"逼"之下而发挥出超常智能和动能的事例不胜枚举。

"但使龙城飞将在，不教胡马渡阴山"的飞将军李广，以善射闻名。据史书记载，有一天李广出去打猎，惊见草里有一只"虎"，情急之下应手放了一箭。第二天去寻找被射的老虎，等找到一看，哪里是老虎，分明是一块卧着的巨石。而箭头竟然没入石中。接着他又试射了几次，箭都是碰石而落。

这是一个发生在日本的真实故事。

有一天，一位女士上街购物，把4岁的孩子单独留在家中。返回时，在住宅楼附近碰到熟人，就停下来说话。突然，她发现自己家12楼的窗子开着，孩子爬在窗台上正向妈妈招手，她还来不及惊叫，孩子已经失足掉了下来——她丢下手中的东西，不顾一切地向孩子奔去……就在孩子快落地的一瞬间，她接住了孩子。事后，人们做过一次模拟实验：试从12楼窗口扔下一个枕头，让最优秀的消防队员从相同距离飞身来救，试了很多次，始终还差很远。

新纪录都是在比赛中创造的，而且竞争越激烈！成绩往往越好。

我们上学的时候，都有这样的体会，临考试前，学习效率是最高的。

才高八斗的曹子建能够七步成诗，我们不否认其文采出众的一面，另一方面恐怕也是"刀架在脖子上"，因而才在七步之内吟成了千古绝唱。

逼上梁山、急中生智、背水一战、绝处逢生、狗急跳墙等等，这些成语就很好地道出了"逼"的功能。

人是一个复杂的矛盾体，既有求发展的需要，又有安于现状、得过且过的惰性。能够卧薪尝胆、自我警醒的人少之又少，更多的人需要的是鞭策和当头棒喝式的促动，而"逼"就是"最自然"的好办法。人们常说的"压力就是动力"，就是这个意思。

被逼，心态就会改变；被逼，就会有明确的目标；被逼，就会分清轻重缓急，抓紧时间；被逼，就会马上行动。不寻求突破，不创新，就休想跨过这道坎，于是潜能在一逼之下因迅速集聚而爆发，如核聚变。

目标达成了，"被逼"的状态解除了，人发展了。

不仅不要怕"逼"，而且还应该主动"逼"。自己跟自己过不去，自己逼自己，使自我经常处在一个积极进取、创新求变的良好的紧张状态，使潜能时常处在激发状态。除了在一日常工作学习中要有这样的心态，另外就是要订立较高的目标来"逼"自己，来提升自己。

逼自己，就是战胜自己，必须比自己的过去更新；逼自己，就是超越竞争，必须比别人更新。别人想不到，我要想到；别人不敢想，我敢想；别人不敢做，我来做；别人认为做不到，我一定要

171

做到。

逼自己，一方面要勇于接受挑战，把自己丢进新条件、新情况、新问题中，逼到走投无路，才会想方设法。破釜沉舟，才会背水一战。兵法说"置之死地而后生"。另一方面，要用"自律"来逼，用目标管理、时间管理来逼，用行动结果来逼。以创新之举逼出创新的行为，得到创新的结果。创新是潜能发挥之始，亦是潜能发挥之终。

人的潜能也遵循着"马太效应"，越开发、越使用，就越多越强。

生命力是从压力中体现出来的。生命力就是创新能力，就是创造力，就是人的潜能，也就是竞争力。

3. "学"就是学习

学习绝对是增加潜能基本储量及促使潜能发挥的最佳方法。知识丰富必然联想丰富，而智力水平正是取决于神经多元之间信息联接的面和信息量。

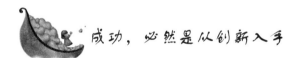
成功，必然是从创新入手

人们盛赞伟大的科学家、企业家、政治家、艺术家甚或一个普通群众，他们是卓越人士中的佼佼者，因为他们为人类历史、对人类的精神物质财富做出了或多或少的创造性贡献。成功，必然是从创新入手，在创新中成功，靠创新持续成功。

惟创新才能脱颖而出，才能战胜自己、超越竞争。微软的成功就是最好的例子，紧紧抓住最具潜力的新兴产业，紧紧抓住新兴产业中最具"控制力"的项目，然后通过创新不断淘汰自己的产品。

本世纪最著名的经济学家之一熊彼得先生认为，企业家成功的原动力就是创新。他同时列举了企业家应当具备的能力：

1. 发现投资机会。

2. 获得所需的资源。

3．展示新事业美丽的远景，说服有资本的人参与投资。

4．组织这个企业。

5．担当风险的胆识。

所有成功的企业家，无不经历这个过程，无不具备这些能力。从这些能力可以看出，创新能力可体现为洞察力、预见力、想象力、判断力、决断力甚至行动力，等等。

《李嘉诚传》这样评价李嘉诚先生：

"在香港经济迅猛发展且又变化莫测的 40 年中，能够经得起大风暴，又独具判断能力的卓越人士，自然首推李嘉诚。很多企业界的杰出人士都称道并且十分羡慕李嘉诚料事如神的独到眼光。他总是能够运用他准确、锐利的洞察力，总能比同时期、同行业的人棋先一筹。"

船王包玉刚的成功经历对熊彼得先生的理论是一个很好的说明。包玉刚进入船运业的时间是 1955 年，当时他用 20 万元买了一条风吹浪打 28 年的旧船金安号。这一"惊人"之举遭到了几乎所有亲友的强烈反对。因为船运业不仅需要庞大的资金，而且风险极大。但是，包玉刚力排众议，毅然投身船运业。因为，他看到了在港经营船运的巨大潜力。

"香港有天然的深水泊位和充足的码头，自 1911 年中国陷入动荡不安的年代，香港平静的海面，为国际贸易提供了可靠的大门。二战之后，世界经济复苏，各地之间的贸易往来增多。船运是最廉价的一种运输方式，必将大有作为。"包玉刚坚定地这样认为。

到 1978 年，包玉刚经过 20 多年的苦心经营，已拥有 200 多条船、2000 万吨运输能力的庞大船队，荣登世界船王宝座。但就在此登峰造极之时，包玉刚又做出了令全球惊讶的决定：减船登陆！因为他又以极其敏锐的眼光，预见到世界性的船运衰退即将到来。于是，他当机立断，及时卖掉了相当部分的船只，这使他顺利地逃过了船运大萧条时期的灾害。

实行"减船登陆"战略大转移的第一仗，就堪称世界商战史上的经典之作。他以超人的胆魄和霹雳般的手段，斥资 23 亿元之巨，导演了精彩绝伦的九龙仓收购战，拉开了在港华人中资挑战英资的

第六章　学习创新的卓越个性

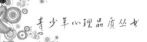

历史序幕，可谓气吞山河。

80 年代之前，香港的经济命脉都是由英资所控制。但在 80 年代初期，以李嘉诚、包玉刚为代表的一批华人豪杰，经过 20 多年的原始积累，羽翼渐丰，可以与英资公开叫板了。

九龙仓是香港最大的码头，一直由香港四大财团之一的怡和洋行（英资）所控制。包玉刚经营船运 20 余载，深知码头的价值，所以他减船登陆的第一步就选择了九龙仓。

包玉刚仅用 80 多天时间就控制了 30％九龙仓股权，远远超过怡和洋行的 20％。怡和在大惊失色之后组织反扑。他们在一个周五股市收盘之后，突然宣布将以空前优惠的价格收购九龙仓股份至 49％，而此时，包玉刚正在巴黎出差。怡和把包玉刚推到这样的境地：如包玉刚准备反收购，就必须在周六、周日银行休假日内，筹集 20 多亿港元现金——这在当时那种情形下，几乎是不可能的。

周一上午开盘，香港有史以来最大的一次收购战打响，但不到一小时战斗便结束了。证券商报价 23 亿港元，包玉刚当即开出一张 23 亿港元的巨额支票。怡和面对包氏雷毫万钧、排山倒海般的收购攻势毫无还手之力。至此，包玉刚持九龙仓 49％股权，稳获控股地位，一跃成为九龙仓首任华人主席。

那么，包玉刚又是如何创造奇迹，在周末两日内筹到 20 多亿港元现金的呢？包玉刚首先找到汇丰银行老板沈弼，两人的对话十分衔短：

"需要我怎么帮你？""借我 15 亿现金。"

"没问题。"

包玉刚又联系了九家金融机构，他们不约而同都表示全力支持，特别是香港华美银行，就在周一上午展开收购时，还给包玉刚送来信函，允诺可为他提供 1 亿美金的贷款，同时勿需担保。

稍有金融常识的人都懂得，银行为保证货款的安全，几乎无一例外地要求被贷方提供等值抵押物或担保。为何不止一家银行肯为包玉刚打破银行惯例而提供巨额贷款呢？有专家经过研究认为，包氏主要运用了他的"个人无形资产"，即在几十年商海沉浮中建立起来的影响力、经营能力、预见能力和商业信誉——这本身又是一件史无前例的"创新"。

包玉刚的身上，充分体现了一个成功的大企业家勇于创新、敢想敢为的精神气魄和超然智慧。洛克菲勒有句名言：

"如果你想成功，你应辟出新路，而不要沿着过去成功的老路走……即使你们把我身上的衣服剥得精光，一个子儿也不剩，然后把我扔在撒哈拉沙漠的中心地带，但只要有两个条件——给我一点时间，并且让一支商队从我身边经过，那要不了多久，我就会成为一个新的亿万富翁。"

这样的豪情壮志，令人无不动容，这才是一个受人敬仰的大企业家的根本素质。绝地求发展，白手打天下。我们仿佛看到一个一无所有的高大身影，屹立在同样一无所有的沙漠上，以大无畏的精神气慨向平庸、向贫困宣战：我能创新，我怕谁？

这个时候，只剩下想像力和思维——任何一个正常人都具备的最根本的东西。

一位《纽约时报》记者在追踪了比尔·盖茨和网景公司电脑神童马克·安德森等人的"暴发"历程后惊呼，盖茨之类的人物仰仗的是超人的想象力和创新思维，从而攀上世界富豪的群山之巅。

据说几年前的某一天，比尔·盖茨从其西雅图总部附近的一家餐馆走出来。一个无家可归者拦住他要钱。给点钱自然是小事一桩，但接下来的事却令见多识广的比尔·盖茨也目瞪口呆——流浪汉主动提供了自己的网址，那是西雅图一个庇护所在互联网上建立的地址，以帮助无家可归者。

"简直难以置信"，事后盖茨感慨道，"Internet 是很大，但没想到无家可归者也能找到那里。"今天，比尔·盖茨的微软给互联网带来了统一的标准，也带来了前所未有的垄断。其视窗（Windows）操作系统几乎已成为进入互联网的必由之路，全世界各地的个人电脑中，92％在运用 Windows 软件系统。更值得一提的是，过去两年来，微软共投资及收购了 37 家公司，表面看起来好象是一种随心所欲的资本扩张行为，但只要把这 37 家公司排在一起分门别类，立刻就会令人大惊失色！因为这 37 家公司所代表的竟然是网络经济的 3 大命脉：互联网络信息、基础平台，互联网络商业服务，互联网络信息

175

终端。微软不仅统治了现在的个人电脑时代，而且已经开始着手统治未来的网络时代！

难怪美国司法部要引用反垄断法控告微软。

但比尔·盖茨从容地说：

"微软只占整个软件业的4%，怎么能算垄断呢?"

盖茨的话也自有他的道理，因为软件的形态与工业时代的规模和产品建立的垄断已有明显区别。实际上，微软已不仅仅是单纯的垄断，只有"霸权"才能更确切地描述微软的真实。因为操作系统是整个电脑业的基础，微软以核心产品的垄断获得了对整个软件行业的霸权，使得垄断操作"稀释"和掩饰在更大范围的霸权之中，与单纯的数量份额和比例等等有关垄断的硬性指标已无明显关系。

软件业的霸权是一种独特的霸权，是知识的霸权，创新的霸权。

正如松下幸之助所言：

"今后的世界，并不是以武力统治，而是以创意支配。"

"创新"令人欣喜，令人敬畏，也令人迷惑。

创新思维就是新的生产力。

北京获得 2008 年奥运会举办权，举国欢庆，成了北京、中国，乃全世界华人的一大盛事，因为举办奥运会是一个"香饽饽"，一块"肥肉"！可是在上个世纪后半期，举办奥运会却是让人害怕的事。为什么呢?

1972 年，第 20 届奥运会在联邦德国的慕尼黑举行，最后欠下了 36 亿美元的债务，很久都没有还清；1976 年，第 21 届奥运会在加拿大的蒙特利尔举行，最后亏损了十多亿美元之巨，成了当地政府的一个大包袱。直到今天，蒙特利尔人还在缴纳"奥运特别税"；1980 年第 22 届奥运会在前苏联的莫斯科举行，前苏联的确财大气粗，比上两届举办城市耗费的资金更多，一共花掉了 90 多亿美元，造成了空前的亏损。

面对这种情况，1984 年的奥运会几乎到了无人问津的地步，还是美国的洛杉矶看到没有人敢拿这个烫手的"山芋"，就以唯一申办城市"获此殊荣"，企图通过这种方式来显示其泱泱大国的实力。可是等拿到了举办奥运会的权利之后不久，美国政府就公开宣布对本届奥运会不给予经济上的支持，接着洛杉矶市政府也说，不反对举办奥运会，但是举办奥运会不能花市政府的一分一厘……

谁能够出来挽救这场危机呢？最后，彼得·尤伯罗斯解决了这场危机。彼得·尤伯罗斯是何许人呢？

彼得·尤伯罗斯的情况基本如下：

1937年，他出生在美国伊利诺斯州文斯顿的一个房地产主家庭。大学毕业后在奥克兰机场工作，后来又到夏威夷联合航空公司任职，半年后担任洛杉矶航空服务公司副总经理。1972年，他收购了福梅斯特旅游服务公司，改行经营旅游服务行业。1974年，他创办了第一旅游服务公司，经过短短四年的努力，他的公司就在全世界拥有了二百多个办事处，手下员工一千五百多人，一跃成为北美的第三大旅游公司，每年的收入达2亿美元。他的这些业绩不能说是惊天动地的，但是他非凡的管理才能由此可见一斑。彼得·尤伯罗斯因此担起了这副重担，担任起了奥运会组委会主席。举办奥运会的难处是他始料不及的。一个堂堂的奥运会组委会，居然连一个银行账户都没有，他只好自己拿出100美元，设立了一个银行账户。他拿着别人给他的钥匙去开组委会办公室的门，可是手里的钥匙居然打不开门上的锁。原来房地产商在最后签约的时候，受到了一些反对举办奥运会的人的影响把房子卖给了其他人。事已至此，尤伯罗斯只好临时租用房子——在一个由厂房改建的建筑物里开始办公。尤伯罗斯激动人心的"五环乐章"开始了，下出了惊人的三招妙棋：

第一招：拍卖电视转播权。彼得·尤伯罗斯是这样分析的：全世界有几十亿人，对体育没有兴趣的人恐怕找不到几个。很多人不惜花掉多年积蓄，不远万里去异国他乡观看体育比赛。但是更多的人是通过电视来观看体育比赛的。因此，事实证明，在奥运会期间，电视成了他们不可缺少的"精神粮食"。很显然，电视收视率的大大提高，广告公司也因此大发其财。彼得·尤伯罗斯看准了，这就是举办奥运会的第一桶金子。他决定拍卖奥运会电视转播权！这在奥运会的历史上可是破天荒的。要拍卖就要有一个价格，于是有人就向他提出最高拍卖价格1.52亿美元。

尤伯罗斯微微一笑："这个数字太保守了！"

177

一致认为，1.52亿美元都已经是天文数字了，那些嗜钱如命的生意人能够拿出这样一大笔钱就已经不错了。大家都用怀疑的眼光看着他，觉得他的胃口也太大了。精明的尤伯罗斯早就看出了这一点，不过只是微微一笑，没有做过多的解释。他知道，这一仗关系重大。于是，他决定亲自出马，来到了美国最大的两家广播公司进行游说，一家是美国广播公司（ABC），一家是全国广播公司（NBC）。同时，他又策划了几家公司参与竞争。一时间报价不断上升，出乎人们的意料，就这一笔电视转播权的拍卖就获得资金2.8亿美元。真可以说是旗开得胜！

第二招：拉赞助单位。在奥运会上，不仅是运动员之间的激烈竞争，还是各个大企业之间的竞争，因为很多大企业都企图通过奥运会宣传自己的产品。从某种程度上说，这种竞争常常会超出运动场上的竞争。

为了获得更多的资金，尤伯罗斯想方设法加剧这种竞争，于是奥运会组委会作出了这样的规定：

本届奥运会只接受30家赞助商，每一个行业选择一家，每家至少赞助400万美元，赞助者可以取得在本届奥运会上获得某项产品的专卖权。鱼饵放出去之后，各家大企业都纷纷抬高自己的赞助金，希望在奥运会上取得一席之地。在饮料行业中，可口可乐与百事可乐是两家竞争十分激烈的对头，两家的竞争异常激烈。在1980年的冬季奥运会上，百事可乐获得了赞助权，出尽了风头，此后百事可乐销量不断上升，尝到了甜头。可口可乐对此耿耿于怀，一定要夺取洛杉矶奥运会的饮料专卖权。他们采取的战术是先发制人，一开口就喊出了1250万美元的赞助标码。百事可乐根本没有这个心理准备，眼巴巴地看着别人拿走了奥运会的专卖权。

照片胶卷行业比较具有戏剧性。在美国，乃至在全世界，柯达公司都认为自己是"老大"，摆出来"大哥"的架子，与组委会讨价还价，不愿意出400万美元的高价，拖了半年的时间也没有达成协议。日本的富士公司乘虚而入，拿出了700万美元的赞助费买下了奥运会的胶卷专卖权。消息传出之后，柯达公司十分后悔，把广告部主任给撤了。

不用细细叙述。经过多家公司的激烈竞争，尤伯罗斯获得了 3.85 亿美元的赞助费。他的这一招的确比较凶狠，1980 年的冬季奥运会的赞助商是 381 家，总共才筹集到了 900 万美元。

第三招："卖东西"。尤伯罗斯的手中拿着奥运会的大旗，在各个环节都"逼"着亿万富翁、千万富翁、百万富翁及有钱的人掏腰包。火炬传递是奥运会的一个传统项目，每次奥运会都要把火炬从希腊的奥林匹克村传递到主办国和主办城市。1984 年美国洛杉矶奥运会的传递路线是用飞机把奥运火种从希腊运到美国的纽约，然后再进行地面传递，蜿蜒绕行美国的 32 个州和哥伦比亚特区，沿途要经过 41 个城市和将近 1000 个城镇，全程高达 15000 千米，最后传到主办城市洛杉矶，在开幕式上点燃火炬。尤伯罗斯为首的奥运会组委会规定凡是参加火炬接力的人，每个人要交 3000 美元。很多人都认为，参加奥运会火炬接力传递是一件人生难逢的事情，拿 3000 美元参加火炬接力——"值"。就是这一项，他就又筹集了 3000 万美元。奥运会组委会规定凡是愿意赞助 25000 美元的人，可以保证在奥运会期间每天获得两人最佳看台的座位，这就是 1984 年美国洛杉矶奥运会的"赞助人票"。

奥运会组委会规定每个厂家必须赞助 50 万美元才能到奥运会做生意，结果有 50 家杂货店或废品公司也出了 50 万美元的赞助费，获得了在奥运会上做生意的权利。组委会还制作了各种纪念品、纪念币等，到处高价出售……

尤伯罗斯就是凭着手中的指挥棒，使全世界的富翁都为奥运会出钱，他则不断地把钱扫进奥运会组委会的腰包里……

现在我们来看洛杉矶奥运会的结果：美国政府和洛杉矶市政府没有掏一分钱，最后盈利 2.5 亿美元，创造了一个世界奇迹。从此，奥运会的举办权成了各个国家争夺的对象，竞争越来越激烈。尤伯罗斯之所以受命于危难之际而最后创造了奇迹，关键就是他的奇思妙想，他善于发现可以赚钱的机会，善于发现市场的竞争点……

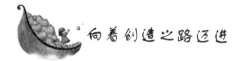 向着创造之路迈进

成功在于不断创新。对大多数人来说，创新、创造仍是陌生而神秘的，似乎它只是少数天才的权利。

据说熊彼得先生在给学生上课的时候，就曾经责怪爱因斯坦创造了天才的物理学理论但没有给后人留下他如何思考问题的方法，因而后人很难向他学习。其实，创造有大有小，内容和形式也可以各不相同。特别是在今日的世界，创造活动已经不仅是科学家、发明家在实验室里要做的事，它已经深入到普通人的生活、工作、学习之中，已经是人人都可以进行的社会实践活动，任何人在生活、工作的各个方面随时随地都可能迸发出创造的火花而创新。

创新能力，是每个正常人所具有的自然属性与内在潜能，普通人与天才之间并无不可逾越的鸿沟，惠能和尚甚至说，"下下人有上上智。"创新能力与其他能力一样，是可以通过教育、训练而激发出来并在实践中不断得到提高发展的。它是人类共有的可开发的财富，取之不竭用之不尽的"能源"，并非哪个人所专有。

因此，人人都能创新。正因为如此，一花独放不是春，百花齐放春满园。美国和日本，拥有世界上数量最多的创新者和创造发明者，因此走在了世界前列。而一个国家的创新规模又决定于创新的环境和民众的创新意识。能不能创新固然重要，而敢不敢创新更重要。国家敢不敢创新，民众敢不敢创新。因此，创新首先在于创"心"，要有一个开拓进取、永不满足的积极心态。

对此，人民教育家陶行知先生曾写下了永勒金石的《创造宣言》，字字句句如警钟醒鼓，振聋发聩。

创造主未完成之工作，让我们接过来，继续创造。

有人说：环境太平凡了，不能创造。平凡无过于一张白纸，八大山人挥毫画他几笔，便成为一幅名贵的杰作。平凡也无过于一块石头，到了米开朗基罗的手里可以成为不朽的塑像。

180

追求卓越的个性

有人说：生活太单调了，不能创造。没有单调过于坐监牢的，但是就在牢狱中，产生了《易经》，产生了《正气歌》，产生了前苏联的国歌，产生了《尼赫鲁自传》；单调又无过于身心受到巨大残害的，司马迁受过腐刑之后写出了《史记》；单调又无过于沙漠了，而雷塞布竟能在沙漠中造成苏彝士运河，把地中海与红海贯通起来。

可见平凡单调，只是懒惰者之托辞。既已不平凡不单调了，又何须乎创造。我们是要在平凡上造出不平凡，在单调上造出不单调。

有人说：年纪太小，不能创造，但是当你把莫扎特、爱迪生及冲破父亲数学层层封锁之帕斯加尔的幼年研究生活翻给他看，他又只好哑口无言了。

有人说：我是太无能了，不能创造。但是鲁钝的曾参，传了孔子的道统，不识字的惠能，传了黄梅的教义。惠能说："下下人有上上智。"我们岂可以自暴自弃呀！可见无能也是借口。

有人说：山穷水尽，走投无路，陷入绝境，等死而已，不能创造。但是遭遇八十一难的玄奘，毕竟取得佛经；粮水断绝，众叛亲离的哥仑布，毕竟发现了美洲；冻、饿、病三重压迫下的莫扎特，竟写出了《安魂曲》。

歌德说：没有勇气一切都会终结。是的，成功之路是要用勇气探索出来，走出来，造出来的。这只是一半真理。当英雄无用武之地，他除了要有大无畏之气概，还得有智慧之灵气，金刚之信念与意志，才能开出一条生路。古语说，穷则变，变则通，要有智慧才知道怎样变得通，要有大无畏之精神及金刚之信念与意志才变得过来。

所以，处处是创造之地，天天是创造之时，人人是创造之人，让我们至少走两步退一步，向着创造之路迈进吧。

像屋檐水一样，一点一滴，滴穿阶石。点滴的创造固不如整体的创造，但不要轻视点滴的创造而不为，呆望着成功从天而降。

第七章　诚实守信的卓越个性

　　诚信是一种高贵的品质，是我们做人时必须坚守的原则。在生活中，它通常包含了负责任、对他人尊重等优秀的美德。

 诚实是做人的基本品质

做人容易，父母生你下来，你就开始做人了。但做一个优秀的人则不易，需要后天不断地学习和生活实践的磨炼。

那些优秀的人身上往往具备这样的品质：善良、富有同情心、热心助人……当然一个很重要的性格少不了，那就是诚实。在日常生活中，我们不免会接触到一些口是心非、耍小聪明、占小便宜之人，但一句俗话说得好：路遥知马力，日久见人心，耍小聪明只会得逞于一时一事，时间一长，就会信誉扫地，落得个众叛亲离，而诚实会给人一种安全感，不必处处设防。诚实是做人的基本品质，是人们相互依赖和友好交往的基石。

18 世纪英国的一位有钱的绅士，一天深夜他走在回家的路上，被一个蓬头垢面、衣衫褴褛的小男孩儿拦住了。

"先生，请您买一包火柴吧"，小男孩儿说道。

"我不买。"绅士回答说，说着，绅士躲开男孩儿继续走。

"先生，请您买一包吧，我今天还什么东西也没有吃呢"小男孩儿追上来说。绅士看到躲不开男孩儿，便说：

"可是我没有零钱呀。"

"先生，你先拿上火柴，我去给你换零钱。"说完男孩儿拿着绅士给的一个英镑快步跑走了，绅士等了很久，男孩儿仍然没有回来，绅士无奈地回家了。

第二天，绅士正在自己的办公室工作，仆人说来了一个男孩儿要求面见绅士。于是男孩儿被叫了进来，这个男孩儿比卖火柴的男孩儿矮了一些，穿的更破烂。

"先生，对不起了，我的哥哥让我给您把零钱送来了。"

"你的哥哥呢？"绅士道。

"我的哥哥在换完零钱回来找你的路上被马车撞成重伤了，在家躺着呢。"绅士深深地被小男孩儿的诚信所感动。

"走，我们去看你的哥哥！"去了男孩儿的家一看，家里只有继母在照顾受到重伤的男孩儿。一见绅士，男孩连忙说："对不起，我没有给您按时把零钱送回去，失信了！"绅士却被男孩的诚信深深打动了。当他了解到两个男孩儿的亲父母都双亡时，毅然决定承担起他们生活所需要的一切。

一个诚实的人，待人办事，有一说一，有二说二，决不弄虚作假，也决不会玩无中生有的把戏，因此不必心里常戚戚。多一分诚实，别人会对你多一份尊敬，多一分信任，最终在人生的道路上会获得意想不到的成功。

有一个名叫小约翰的 17 岁男孩，今年刚学会了开车，心里别提多高兴了。一天早上，父亲对小约翰说："显示一下你的本事吧，把我送到 20 千米外的市区去。我去办点事，你下午 4 点去接我。"

"OK"小约翰跳上车，非常高兴地答应了。

一路上，他充分利用在驾校学到的技能。宽阔的路面上正是他大显身手的机会。他开车把父亲送到目的地后，发现那里张贴着举办演唱会的海报。时间还早，小约翰没有犹豫直奔会场。可是，当最后一首歌唱完的时候，已经是下午 6 点了。这时，他才想起与父亲的约定！

当小约翰把车开到预先约定的地点时，看见父亲正靠在一个栏杆上不时地抬手看表。小约翰心里暗想，如果父亲知道自己一直在看演唱会，一定会非常生气。

小约翰低着头走了过去，先是向父亲道歉，然后说，真是不巧，车在路上出了一点毛病，需要修理，维修站的工人们花了 2 个小时的时间才修好。

听完儿子的话，父亲看了他一眼，严肃地说："小约翰，你觉得有必要对我撒谎吗？"

"我没骗你！我说的都是实话。"小约翰争辩道。

父亲再一次看了看儿了："当你在约定的时间没有到来时，我就给维修站打了电话，你根本就不用编这样的谎话。"

小约翰从来没见过父亲生这么大的气，即便是他的公司最不赢利的时候也没有过。小约翰顿时又惊慌又羞愧。他低着头向父亲承

185

认了看演唱会的事实。父亲认真地听完后，脸色变得更加难看。"我很生气，你居然学会了说谎来骗我，这是比生意亏损更令我痛心的。"

尽管小约翰一再道歉，但父亲丝毫不理会，迈开大步开始沿着尘土飞扬的道路走去。小约翰迅速地跳上车跟在父亲后面，一路上都在忏悔，告诉父亲他是多么难过和抱歉，但是父亲丝毫也没有停下脚步，远远地把小约翰甩在后面。小约翰不敢出声，以每小时4千米的速度一直跟着父亲。

整整20千米的路程，这是小约翰生命中最难忘的一次经历。看着父亲遭受肉体和情感上的双重折磨，小约翰后悔得始终无法抬头。他没想到，无意中的一次说谎，竟对父亲的伤害竟是这样深。那是世界上最深爱他的亲人啊！

自此以后，小约翰再也没有说过谎。那20千米的路程，是他生命中最成功的一次教育，他后来成了美国著名的经济学家，他就是约翰·梅纳德·凯恩斯。

每一个年青人都如同即将上路的车手，即使他拿到了驾照，也并不能保证他的车子一定会行驶向正确的方向。而学会做人，才是他在成功之路上奔驰的资本。

在现代文明社会中，诚信应当是公民的觉悟和品德，我们应该做诚实的人，做诚信的事。无论你是谁，只有依靠诚实才能够把握发展的机会，赢得事业的成功。

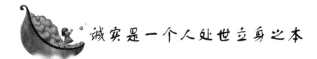

诚实是一个人处世立身之本

诚实是我们中华民族的传统美德，是一个人处世立身之本。许多人喜欢诚实的人，并且愿意和诚实的人交往。

大学毕业后，吉姆和朋友格尔前往一家公司应聘。那家公司待遇优厚，参与应聘的人不少。面试结束后，主考官说还需要复试一次，让他们5天后报到。

5 天后，他们早早地去公司。公司老总亲自为他们安排了当天的工作——给他们每人一大捆宣传单，让他们到指定的街道各自发放。

吉姆抱着传单，来到了划定的地盘，见人就发给一张。有的人接过去了；有的人连理都不理；有的接过去就随手扔在地上，他只好捡起来重发。忙碌了一整天，可手上的传单还剩厚厚的一叠。

下午 5 点，吉姆拖着一身的疲惫回公司交差。走进公司办公室，他看见其他人都已经回来了。格尔一看到他就说："你怎么还留那么多传单在手中？"吉姆一看大家手上都是空的，心头慌了。

老总问吉姆发了多少。他涨红着脸，把剩下的传单交给了他，难为情地说："我干得不好，请原谅！"在回住处的路上，格尔一个劲儿地怨，骂他傻，并告诉吉姆自己的传单也没发完，剩下的全都扔进了垃圾桶，其他人想必也是如此。吉姆这才恍然大悟，恨自己愚钝不开窍，心想这份工作自己肯定没指望了。

结果却大出意料。在那次招聘中，吉姆成了唯一的被录用者，让人感到很纳闷。

半年后，吉姆因为业绩突出，升任部门经理。在庆典晚宴上，他询问老总当初为何选择了他。老总说："一个人一天能发放多少传单，我们早就测试过。那天我给你们的传单，用一天时间肯定是发不完的。其他人都发完了，唯独你没有，答案就这么简单。"

吉姆感慨地对人说："那一次求职经历我始终不能忘记，它让我明白了一个受用一生的道理：诚实是金，别人对你的信任，首先来自于你对别人的诚实。"

一个诚实的人，他的自我是纯真的、稳定的、健康的，体现出一种理想的道德力量和意志力量，为他人所信赖。相反，那些不够诚实的人，是为他人所不齿的。

从前，有一只小狗和一只小兔子是非常要好的朋友，他们常常一起在森林里玩耍。

一天，小狗对兔子说："兔子兄弟，冬天快到了，我们应该到树林里去砍些木头回来，准备过冬了。"小兔子高兴地答应了。

第二天，小狗和小兔子一起拎着斧头上到树林里上山砍木头。不知不觉，小狗和小兔子已经工作一上午了，他们拿出了自带的干

187

粮当作午餐。吃完之后，小兔子说："狗兄弟，我们刚吃完午餐，去找点水喝吧。"

"那好吧，我们一起去找水喝。对了，把斧头带上吧，可别丢了。"小狗嘱咐道。

于是，他们扛着斧头就去找水河，不一会儿，他们就找到了一条小河，正当他们准备过桥的时候，斧头就掉在水里了。小狗急了，不禁大哭起来！这时候，忽然从水里浮出了一位小仙女。

小仙女问道："小狗，你为什么伤心呀？"

小狗说："仙女姐姐，我的斧头掉进河里了，你能不能帮我捡起来？"

仙女说："当然可以。"仙女在水底拿了两把斧头。然后，浮在水面说："这两把金和银的斧头是不是你的？"

小狗回答说："都不是！"仙女又拿来木斧头问："是不是这把？"小狗说："对了，就是这把！"仙女对小狗说："小狗，你非常诚实，我就把这两把斧头送给你。"小狗小心翼翼地拿了过来说："谢谢你，仙女姐姐！"说完，小兔子就和小狗就高高兴兴地回家了。

狐狸听说了这件事情，马上拿起妈妈新买的木斧头来到那座桥上，故意把斧头扔在水里，然后假装哭了起来。

这时候，小仙女又从水里出来了，问："你为什么哭呀？"狐狸说："我的金斧头掉在水里了。"仙女生气地说："你不诚实，你的斧头是金的吗？"说完，仙女就沉入河底了。狐狸只好哭着走回家了。

诚实的人总是能够坦坦荡荡地将自己真实的一面展现给世人，因此总是能够得到大家的信任。诚实的对立面是欺骗。骗子有时看上去好像很聪明，其实是最愚蠢的。这种人往往要吃大亏，原因就在于他太不诚实。

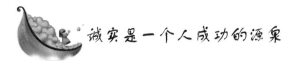

诚实是一个人成功的源泉

诚实是一个人成功的源泉。做人要从诚实开始，必须从小培养诚实的品质，人生方能成功。

从前，有一位贤明而受人爱戴的国王，他把国家治理得井井有条。国王年纪逐渐大了，但膝下并无子女。最后他决定，在全国范围内挑选一个孩子收为义子，培养成未来的国王。

国王选子的标准很独特，给孩子们每人发一些种子，宣布谁如果用这些种子培育出最美丽的花朵，那么谁就成为他的义子。

孩子们领回种子后，开始精心地培育，从早到晚，浇水、施肥、松土，谁都希望自己能够成为幸运者。

有个叫雄日的男孩，也整天精心地培育着花种。但是，10 天过去了，半个月过去了，花盆里的种子连芽都没冒出来，更别说开花了。

国王决定观花的日子到了。无数个穿着漂亮的孩子涌上街头，他们各自捧着开满鲜花的花盆，用期盼的目光看着缓缓巡视的国王。国王环视着争奇斗艳的花朵与漂亮的孩子们，并没有像大家想象中的那样高兴。

忽然，国王看见了端着空花盆的雄日。他无精打采地站在那里，国王把他叫到跟前，问他："你为什么端着空花盆呢？"

雄日抽咽着，他把自己如何精心侍弄，但花种怎么也不发芽的经过说了一遍。没想到国王的脸上却露出了最开心的笑容，他把雄日抱了起来，高声说："孩子，我找的就是你！"

"为什么是这样？"大家不解地问国王。

国王说："我发下的花种全部是煮过的，根本就不可能发芽开花。"

捧着鲜花的孩子们都低下了头，他们全部都另播下了种子。

为人不可不诚实。靠骗术行世只会让自己遭到惨败，因为诚实

第七章　诚实守信的卓越个性

189

是做人的基本品性，而欺骗者骗得最深的人往往是自己。在许多人心里，认为"老实人吃亏"，"老实就是无用的代名词"，这种偏见是非常有害的，过去有"三老四严"之说，"三老"就是"做老实人，说老实话，办老实事"，无数事实证明，诚实的人并不吃亏。诚实是立足于社会，做人做事的重要品德。

日本山一证券公司的创始人小池田子说："做生意成大事者第一要素就是诚实，诚实像是树木的根，如果没有根，树木就别想生存了。"这确是小池的经验之谈，他正是因诚实而起家的。

小池田子20多岁时开小池商店，同时替一家机器制造公司当推销员，有一个时期，他推销机器很顺利，半个月内便跟33位顾客签订了契约，并收了定金，之后，他发觉所卖的机器比别的公司出产的同样性能的机器贵，感到很不安，立即带合约书和定金，花了整整3天的时间，逐家逐户地去找订户，老老实实地说明他所卖的机器价钱比别人卖的机器贵，请他们废弃契约。这使订户深受感动，结果33人中没有一个废约，反而对小池田子极其信赖和敬佩。消息传开后，人们觉得小池田子经商诚实，纷纷前来他的商店购买货物或是向他订购机器。诚实使小池田子财源广进，终于成了大企业家。

诚实是每个人必须具备的品质，它是一个人的立身之本和成功的源泉。做人要从诚实开始，必须从小培养诚实的品质，人生方能成功。

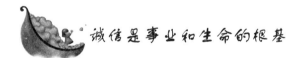 诚信是事业和生命的根基

诚信是一条自然法则，就像万有引力定律不可违背一样，诚信的定律也是不可违背的。要想立足于社会，就要占领"诚信"。这是事业和生命的根基。

罗特希尔德家庭财团是世界上最大的财团之一，其创始人梅耶·安塞姆将诚信视为最重要的做人守则，这一信条也被他的历任继承人所信奉。

18 世纪末期，安塞姆住在法兰克福著名的犹太人街道，那时，犹太人常常遭到残酷迫害。虽然他们已经不再被关押，但仍然被要求在必须规定的时间回到家里，否则就会被处以死刑。

此时的犹太人过着一种卑微、屈辱的生活，生命的尊严遭到践踏。要想在这样非人的生活中保持诚信，是一件很困难的事情。不过，安塞姆可不是一个普通的犹太人，他冲破重重阻碍，在这个城市很不起眼的一个角落里建立起了自己的事务所，起名为罗特希尔德，在德语中就是"红盾"的意思。后来，安塞姆将红盾作为事务所的标志，悬挂在门前。这就是未来横跨欧陆的巨型银行集团的雏形，安塞姆在这里干起了借贷的生意。

有一位名叫兰德格里夫·威廉的富商被拿破仑赶出了家园，他手里拥有 500 万银币。为了不至于被侵略者侵吞，兰德格里夫把这些银币交给了安塞姆，其实，他也没有指望在有生之年能够把这些钱要回来。

不过，安塞姆是一个非常讲信用的人，他知道"信用"对于一家银行的重要意义。而且，他还是一个非常聪明的人，预先把钱埋在后花园里，从而躲过了敌人的搜索。等到敌人撤退以后，他把钱挖出来，以一定的利率把它们贷了出去。等兰德格里夫回来的时候，安塞姆差遣他的大儿子把这笔钱连本带息送还了回来，并且还附了一张借贷的明细账目表。这对兰德格夫来说，可是一个令他喜出望外的好消息。

安塞姆去世以后，罗特希尔德这个家族依然坚守着诚信的原则，不论是在生活上，还是在事业上，这个家族的成员都保持着诚实的名誉。因为世世代代的诚信，如今，人们估算仅"罗特希尔德"这个品牌的价值就已经高达 4 亿美元。

在进行一桩生意时，商人拥有顾客们所需要的东西，同时商人也需要顾客所拥有的东西，如果双方在交易中都保持诚信，那么双方都会受益。一位社会学家进行了大量调查，他发现诚信和公平交易的观念已经深入人心，90% 的成功生意人都是以正直诚信著称的，而那些不诚实的生意人最终都毫无例外地走向破产。

天下熙熙，皆为利来，天下攘攘，皆为利往。以荀子人性本恶

第七章　诚实守信的卓越个性

的观点，追名逐利是人的本性，看到有利可图，本能地去追逐无可厚非。但一个"利"字如同一面镜子，本不属于自己的财富，巧取豪夺自然为社会所不齿；面对"天上"掉下的"馅饼"，取与不取更能反映一个人的诚信度。遗憾的是，生活中很多人面对金钱的考验令人感到失望，诚信之路任重而道远。

在我国的传统伦理中，诚实守信被看作"立身之本"、"举政之本"、"进德修业之本"。孔子说"人而无信，不知其可也。"他甚至把诚信摆到关系国家兴亡的重要位置，认为国家的朝政得不到人民的信任是站不住脚的。

诚信不仅是一个人能在社会生活中安身立命之根本，更是一种道德品质，也是一种公共义务。所以，自古以来，中国人就赞美诚信，并把它贯彻到日常生活的各个方面。比如，在交往中人们常说"君子一言，驷马难追"，"言必信，行必果"；在经济生活中，形成"童叟无欺"、"市不二价"、"货真价实"等商业伦理和信用原则。尽管世代更替，但是中华民族讲究信用的精神始终延续不断。人一旦失掉了诚信，必定难以在社会上立足，更不用谈未来的发展了。

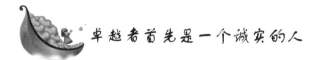

卓越者首先是一个诚实的人

真诚是开启卓越大门的金钥匙。卓越人士首先得是一个诚实的人，一个人真诚地待人处事，才能获得他人的合作。真诚地做人，则容易让人接纳，能交到更好的朋友。不要失去真诚做人的本色，它会给你的人生带来极大的益处——每一个卓越人士，先必须是一个诚实的人。

弗莱明是苏格兰一个穷苦农民，有一天，弗莱明顶着烈日在田地里耕种，忽然，他听到不远处有人在呼救，弗莱明连忙放下锄头跑到出事地点，原来有一个小孩不小心掉进了深水沟里，弗莱明跳下去把他救了上来。

第二天，弗莱明家门口来了一辆豪华的马车，从马车里走下来一位气质高雅的绅士。见到弗莱明，绅士说："我是昨天被您救起的孩子的父亲，我今天特地赶来向您表示感谢。"弗莱明真诚地说："我不能因为救你的孩子而接受报酬。"

说话之际，弗莱明的儿子从外边回来了，绅士问道："他是您的儿子吗？"农夫自豪地回答说："他是我儿子。"绅士说："我们订个协议。我带走您的儿子，并让他接受最好的教育。如果这个孩子像他父亲一样真诚，那他将来一定会成为令您自豪的人。"

弗莱明答应签下这个协议。数年后，他的儿子从圣马利亚医学院毕业，后来他发明了抗菌药物盘尼西林（也叫青霉素），一举成为天下闻名的弗莱明·亚历山大爵士。他在 1944 年获得诺贝尔医学奖，并受封为骑士爵位。

有一年，绅士的儿子，也就是被弗莱明从水沟里救出来的那个孩子染上了肺炎，是谁将他从死亡的边缘拉了回来？是盘尼西林。那位高雅的绅士是谁？他是上议院议员丘吉尔。绅士的儿子是谁？他是二战时期英国首相丘吉尔。

本杰明·富兰克林说："一个人种下什么，就会收获什么。"弗莱明因为真诚而让自己的儿子有了成才的机会，并使之成为 20 世纪人类医学史上的风云人物，绅士因为真诚而挽救了自己儿子的生命，并使之成为 20 世纪影响人类历史进程的政治家。

我国历史上也有"季布一诺"的佳话。

楚国有一名叫季布的男子，以信义侠义闻名。他不轻易允诺，一旦许诺，必定严守。因此楚地流行一句"求季布一诺，难如得千金"的话。

季布与项羽同乡，盼望楚军打败汉军。但汉高祖刘邦战胜了项羽，便悬赏重金取季布首级，同时严令："藏匿季布者，杀其一族。"然而，季布却被淮阳周氏给藏起来了。一日周氏对季布说："或许某天会被发现，我有一计可以避祸，不知您同意否，若不同意，那只有自杀一途了。"便向季布耳语一番。

季布欣然同意，便染发着粗装，扮成奴隶让周氏把他卖到以侠义而闻名遐迩的鲁国朱家为奴。朱家得知此人便是季布，就收留了他。后来高祖悉知季布为贤士，便释其罪而录他为官。

季布为了不愧对周氏对自己的大义而忍辱屈尊，即使是变身为奴也要履行诺言，由此可见季布的侠胆忠义。这样重诺，才是对人对己负责的态度。

越来越精明的现代人，穿行在钢筋水泥结构的大道上，常在不经意中忽视了一条做人的原则——真诚。有的人或见利忘义、因小失大，或目光短浅、斤斤计较，或尔虞我诈、欺来骗往，从而上演了一幕幕违背良心、令人痛心疾首的悲剧。

美国著名的心理学家约翰·安德森曾在一张表格中列出了500多个描写人的形容词，他邀请近6000名大学生挑选出他们所喜欢的做人品质的词。调查结果显示，大学生们对做人品质给予最高评价的形容词是"真诚"。在8个评价最高的候选词语中，其中有6个和真诚有关，它们是：真诚的、诚实的、忠实的、真实的、信得过的和可靠的。大学生们对做人品质给以最低评价的形容词是"虚伪"。在5个评价最低的候选词中，其中有4个和虚伪有关，它们是说谎、做作、装假、不老实。

由此可见，人们从内心里还是渴望真诚的。约翰·安德森这个调查研究结果在社会上具有普遍意义。生活中我们总是乐意跟真诚、信得过的人打交道，讨厌说谎、不老实的人。日本著名的佛学大师池田大作说："一个诚实的人，不论他有多少缺点，同他接触时，心神就会感到清爽。这样的人，一定能找到幸福，在事业上有所成就，这是因为以诚待人，别人也会以诚相见。"

真诚是财富，而且是宝贵的财富。在这方面进行投资的人，可以获得丰厚的回报。虽然没有谁必须做一个富人或伟人，也没有谁必须做一个聪明人，但是每个人必须做一个诚实的人。

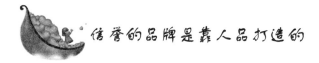

信誉的品牌是靠人品打造的

在金融帝国，美国华尔街的摩根家族享誉世界。他们之所以成就一番大业，与有口皆碑的信誉分不开。

1835 年，在美国，有一家名叫"伊特纳火灾"的小保险公司正在发布招聘股东的声明。当时，摩根先生并没有现钱。正好这家公司不用马上拿出现金，只需在股东名册上签上名字就可成为股东。抱着开创一番事业的信心，摩根先生毫不犹豫地签了名，成为他们的股东。

但是，时间不长，一家在该公司投保的客户就发生了火灾。按照规定，如果完全付清赔偿金，保险公司就会破产。本来规模不大的公司面临着巨额赔偿，股东们一个个惊惶失措，纷纷要求退股。

这时，摩根先生显示出了与众不同的决断力。经营事业，金钱固然重要，但是他认为信誉比金钱更重要。他斟酌再三，决定不能失信，要将赔偿金如数付给了投保的客户。可是，没有资金的他怎样去支付客户的赔偿金呢？于是，摩根先生便不顾辛苦，想法四处筹款，最后，甚至不顾亲人的哀求，连唯一的住房也卖掉了，这才得以收购了所有要求退股的股份，按期将赔偿数额给了那家受损的客户。

本来并没抱多大希望的那家公司被摩根先生的举动深深打动。正是得力于摩根先生及时的帮助，那家公司度过了难关，重新振兴。

一时间，伊特纳火灾保险公司声名鹊起。

但此时，已经身无分文的摩根保险公司濒临破产。为了生存，他无奈之中打出广告：凡是再到伊特纳火灾保险公司投保的客户，保险金一律加倍收取。

出乎意料的是客户很快就蜂拥而至。第一名就是那家曾遭受火灾的公司。原来在很多人的心目中，伊特纳公司是最讲信誉的保险公司，这一点使它比许多有名的大保险公司更深得人心。伊特纳火灾保险公司从此崛起。

当年的摩根先生，其孙成为后来美国的亿万富翁。

成就摩根家族的并不仅仅是一场火灾，而是比金钱更有价值的信誉。当人们问及摩根家族取得事业辉煌的秘诀时，摩根说还有什么比让别人信任你更宝贵的呢？

信誉的品牌是靠人品打造的。那是人们对一个人人品的钦佩与欣赏。不论时代怎样变化，人类对真善美的追求，永远是人类生活的主旋律。为人处世中，有多少人信任你，你就拥有多少次成功的机会。

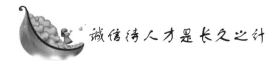

诚信待人才是长久之计

许多人以为"不说假话办不成大事"，但是无数事实证明，那些人把假话说尽了，但办成"大事"的却一个也没有。

俄国作家屠格涅夫小时候特别喜欢读克雷洛夫和得米特里耶夫的寓言故事。一天，得米特里耶夫来屠格涅夫家做客，屠格涅夫的妈妈为了显示儿子的才能，就让儿子给客人朗诵一篇寓言。朗诵完毕后，得米特里耶夫问屠格涅夫他的寓言好不好，屠格涅夫说："好，但克雷洛夫的寓言比你的好！"得米特里耶夫听后并不生气，反而夸屠格涅夫是诚实的孩子。在当今社会中，不少人为了讨别人喜欢，经常说他怎么好，而不说自己对他的真实看法，失去了诚实。

在我们的周围，常常会有这样的一批人，他们总把自己看作"智多星"，把别人看成"糊涂蛋"，动不动就对别人用心计，耍手腕。他们或以谎言取巧，或以诈术牟利，结果成为别人厌恶的对象。美国前总统林肯说得好："你能在所有的时候欺骗某些人，也能在某些时候欺骗所有的人，但你不能在所有的时候欺骗所有的人。"其实，不管一个人看起来多么精细、多么周到，都不可能精细和周到得永远不被人发觉。一旦被人们发觉之后，人人都会提防、厌弃他。这就是所谓"聪明反被聪明误"。

一个年轻人留学归来，创办了自己的公司。5年后的今天，他已是拥有数百万资产的卓越人士了。亲友们感慨地说，在国外"镀了金"就是不一样，当初东拼西凑地借了几万元去留学，这学费交得值。年轻人深有感慨地说："留学生活的确很有帮助，临回国时还交了一笔'额外'的高昂学费呢。"看到亲友们全都莫名其妙的样子，年轻人讲起了其中的故事。

当时，他已经取得博士学位，决定回国创业。临走时，他用几年课余时间打工的积蓄和奖学金为自己买了一块劳力士名表。在机场接受例行检查时，年轻人为了免交关税，谎称手表是冒牌货。没想到海关人员一听说劳力士手表是假的，二话没说，马上拿出一把小铁锤，当着他的面，把那个价值几万元的手表砸了个粉碎。年轻人当时瞠目结舌，还没等他回过神来，海关人员把他带到一边，对他进行了严格的开箱检查。经历过多次出入境，年轻人深知只有上了海关"黑名单"的人，才会"享受"此特殊待遇。并被告知以后无论何时出入境，都必须接受开箱检查，如果再次发现携带假冒伪劣产品，将被依法起诉！年轻人告诉大家，这个故事之所以刻骨铭心，是因为这一笔额外的高昂学费，让他体会到了诚信的价值。而这正是他日后为人处事的准则和公司取得成就卓越的法宝。

可见，做人还是应以诚信为本。诚信的人虽然没有大红大紫的荣耀，也不会有叶萎花落的悲哀；他虽然一时得不了大利，但长远来讲他也吃不了大亏；他可能不是社交圈子的中心，但却可以拥有相处数十年心心相印的朋友。所以，做人应当禁绝圆滑、浮夸、虚伪等卑劣性格，做到坦荡真诚，光明磊落，净如水，洁如冰，心口如一，言行一致。

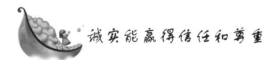

诚实能赢得信任和尊重

诚实就犹如一股清新的空气，越是在充满奸诈险恶的环境里，这股清醒之风越显其清新，这种品德的人为他人所赏识。诚实和做事一样重要，不管是什么时候，也不管是在什么情况下，诚实都能让你赢得他人的敬重和信任。

阿瑟·项伯拉托里是一家大型航运公司的董事长。在他10岁的那个夏天，正值经济大萧条的1935年，他跟着一辆密封式运货小卡车，每天为100多家商店送特制食品。在炎热的天气下，干几个小时的报酬只是一块腊肉三明治、一瓶饮料和50美分的现金。但由于这是他的第一份工作，所以他认为辛苦一些也是正常的。

在不送货的日子里，他便到一家偏僻的糖果店干活，一次扫地时，他看见桌子下有 15 美分，便捡起来交给店主。店主拍拍他的肩膀说，他是有意将钱扔在那儿，要试试他是否诚实。阿瑟·项伯拉托里在整个高中阶段都为这位老板干活。他决不会忘记是诚实让他保住了当时非常难找的那份工作，也正是诚实成为了他后来开创的事业能够兴旺发达的关键。

诚实不仅有道德价值，而且还蕴含着巨大的经济价值和社会价值。一个禀赋诚实的人，能给他人以信赖感，让他人乐于与之相处，在赢得信任的同时，更为自己的人生带来莫大的益处。

与此相应，一个人失去了诚实，就失去了一切成功的机会。一个不诚实的人，将会失去朋友，失去客户，甚至失去工作，因为谁也不愿意与一个不诚实的人共事、打交道。

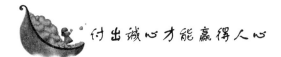

付出诚心才能赢得人心

远在公元前 100 年，罗马大诗人薛莱士就已说过做人的原则："有人来关怀我，我当然也会对他关怀。"所以，如果你想受到别人欢迎，第一件事就是学会用诚恳的态度对待别人。

挑起第一次世界大战的德皇威廉二世，在战争结束后如同过街老鼠，遭到全球人士痛恨斥责，连德国民众也同声谴责他是罪魁祸首。

后来，威廉二世避居荷兰，过着深居简出的寂寥日子。有一天，他忽然接到一封来自德国的信，是一个小男孩写的，信中的措词虽很幼稚，却充满了热情。

他在信里面说："不管别人怎么谴责咒骂你，你还是我心目中最敬爱的威廉大帝！"

简短而诚恳的几句话，使威廉二世感激涕零，异常欢喜，连忙邀请这个小孩子前来与他会面。

不久，小男孩由他的母亲陪伴，从德国前赴荷兰晋见威廉二世。

后来，威廉二世竟然与小男孩母亲发生恋情，两人终于结婚。

这则轶事提醒我们，不管我们面对的是不可一世的国王，还是卑微渺小的普通人，诚恳都将是开启他们心扉的钥匙。

在美国历史上最得民心的总统中，林肯可说是名列前茅。很多人研究林肯的魅力，用一位没有任何背景，外表也不出色，还有些奇怪的穷律师的话来说，为什么他会那么地受到人民的爱戴呢？因为他知道"用诚恳赢得人心"。"用诚恳赢得人心"是他成功的主要原因之一。

林肯刚刚当选总统的时候，有一天接到一个小女孩的来信，信里写着：

"总统先生，您好，我的名字叫葛丽丝，住在纽约州的西费尔德村，我写这封信给您，是想建议您留胡子，如果您留胡子，相信一定会变得很英俊。"

林肯在百忙之中给这个小女孩写了回信："葛丽丝你好，很高兴收到你的来信，我很希望采纳你的意见留起胡子，可是刚选上总统，这样一来，可能会有许多选民不认识我了。"

过了几天，林肯又接到了小女孩的来信："总统先生，我看过您的照片，实在是太严肃了，留起胡子看起来就会好些了，我相信别的女孩和我一样，对一位没有胡子的总统，会觉得很害怕。"

后来当林肯从伊利诺州搭乘火车到华盛顿就职时，特别让火车在西费尔德村停下来，林肯站在火车尾端的车台上对蜂拥而至、来看新总统的民众高呼。

"有一位名叫葛丽丝的女孩住在这里，她曾经写信给我，如果她在的话，请她站出来好吗？"

一位兴奋得满脸通红的小女孩，惊喜地捂着嘴走了出来。

女孩大声说："总统先生，我在这里！"

"嗨！葛丽丝。"林肯弯下腰，由栏杆间伸出手去握住女孩的小手，并且说："你看，我特别为你留了胡子，是不是比较英俊呢？"

葛丽丝开心地回答道："总统先生，你是我所见过最英俊的总统。"

第一流的商人或政客想要争取关键人士的支持认同时，往往会

第七章　诚实守信的卓越个性

先下一番苦功，仔细观察他们想要结交的对象，最擅长或最得意的事是什么，然后以最诚恳的态度，巧妙地加以赞美，而不是以虚伪的言词阿谀谄媚。

日本作家池田大作在《人生寄语》中说："要时常抚弄心灵的琴弦，表达出自己的心声，社会或人际关系失去心灵的音乐，必然会变得无聊乏，变得冷酷无情。"想要将朋友吸引到自己的身边，也是同样的道理，必须用诚恳的态度与人交往，称赞他们已经显露出来的优点，发掘他们本身还未察觉的长处。

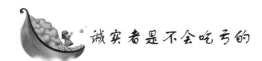

诚实者是不会吃亏的

曾听外婆讲过这样一个故事：人死了之后，像旅行一样在路上走。走着走着，会看到路口摆着两碗酥油。一碗黑，一碗白。白的酥油好吃，细腻香醇；黑的粗粝，苦，酸。

这是神的安排，一个人只让吃一碗酥油，白或者黑。吃了白酥油，能言善辩；吃了黑酥油，发傻，嘴拙，只说实话。

吃了酥油的人到达神的处所，神问："这一辈子你做了些什么事？"

吃白酥油的人把自己说得像英雄一样，全是好事。

吃黑酥油的人也想夸赞自己，可话到嘴边，全成了自我揭发。比如：骂过人、偷过东西、忌妒、不讲卫生等。总之，是一个有很多缺点的人。

神听后会大笑，让吃黑酥油的人感到很羞愧，但没办法，黑酥油比药还厉害，说不出假话。

我当时想，谁会那么傻吃黑酥油呢？外婆好像看透了我的心思，忙说，"孩子，那时你可别吃白酥油啊！"

我以为她说错了。我正期待着上帝惩罚那个吃黑酥油的傻瓜。

"为什么？"我问。

外婆说："孩子啊，你在人间办的事，人家全都看见了。三尺以上有神明呀。"

"他们怎样看见的?"我又问。

"你别管了。记住,人不管做错了什么事,都能因为诚实而被原谅。"

"那以后呢?"

"以后,吃白酥油的人的舌头会被冻在西藏的雪山上,吃黑酥油的人便会重新回到人间。"

其实这只是一个寓言故事而已,但它却实实在在说出了诚实与不诚实的最终下场。世界上假的东西太多,它们在一时间也确实蒙蔽了不少人。但假的终究是假的,经不起真实的考验。我们在生活中,靠欺骗手段可能会赢得别人一时的尊重与信任,但远不如诚实更有效。

诚实的人不会吃亏。诚实正直的品质如同沙漠中的泉水、黑暗中的明灯,弥足珍贵。而自以为聪明、自以为得意、爱欺骗别人的人,最终是要受到惩罚的。

国外某大公司公开招聘副经理,总经理一见到应聘者,就马上从座位上跳了起来,大喜地说道:"上个月我在高速公路旁出了车祸,幸好您救了我,等我清醒时,您已经走了。今天,我一定要好好谢谢您!"应聘者之一汤姆瞪大双眼,不得其解,坦然回答说:"抱歉,恐怕您弄错了。"总经理很不高兴地说:"难道我蠢得连恩人都记不住吗?"汤姆仍然正色答道:"很抱歉,那确实不是我。"回到家以后,他想这次肯定落选了。没想到第二天公司居然通知他去上班。后来,总经理才告诉他,本就没有车祸那回事,可悲的是那么多的候选人中只有汤姆是诚实的,这位总经理如此考察人,真是煞费苦心。但他遵循了一个基本原则,即诚实正直是良好人际关系、社会交往的保障。

有一个熟人,多年未见,已经荣升司长。他说他有今日的成就完全得益于一次考试。那是国内比较早的一次政府公务员考试,各种题答完之后,他被最后一道大题难住了。此题 30 分,一题定乾坤。

"简述唐代防止水土流失的措施。"他绞尽脑汁也想不出唐朝有

第七章　诚实守信的卓越个性

什么防止水土流失之计，最后叹息，写道："不知道。"

发榜后，此题他得了满分，满分的答案就是"不知道"。而别的考生，疾书唐代植树造林之举，全零分。

据说那次考试由联合国有关组织参与出题，考察的就是官员的诚实。

我们可以欺骗少数人一辈子，我们也可以欺骗多数人一时，但我们永远也不可能欺骗多数人一辈子。人与人的交往中，一切的虚情假意、曲意奉承总会有被揭穿的一天。尽管有人利用它爬上了高位，但谁能保证他不摔下来呢。

 信任是一种弥足珍贵的东西

美国作家爱默生说："你信任别人，别人才对你忠实。以伟人的风度待人，别人才会表现出伟人的风度。"这世界上，信任是一种弥足珍贵的东西，它值得我们珍惜，因为没有人用金钱可以买得到它，也没有人可用利诱或用武力争取得到。它来自于一个人的灵魂深处，是活在灵魂里的清泉，它可以拯救灵魂，滋养灵魂，让心灵充满纯洁和自信。

我的一位朋友在澳大利亚，他在刚去时，因为着急使用，在二手市场上花80块澳元买了一个冰箱，但冷藏效果实在不敢恭维，有杂音，耗电量也大，所以就想把它卖掉，另外再去买一个。因为新冰箱要花一两千元澳币，所以他仍然想还是买个二手的。因为这次不急，他就懒得出去找，只写了一个小广告，把自己对冰箱的大小、款式和300元左右可以接受的价格要求都写下来，用邮件发给免费刊登这类商品信息的一家报纸。

广告登出的当天晚上，他就接到了一个当地人打来的电话，说他家里有一个冰箱，用了不到4年，大小、款式和价格都比较符合他所说的要求，问他是否感兴趣。还问他住在什么地方，他说他可以把冰箱送到他家门口。

既然是这样，那就这么定了。他说："行，我不用看了，你明天送来给我就是了。"

但这人却说："不好意思，我现在还得用上一段时间。大概一个来月吧。"接下来这个人告诉他，他正在办理去加拿大的移民，现在一切都快好了，只要签证到手，他就将冰箱送到他家里来。

原来是这样。怪不得冰箱这么便宜呢。洋人就有这一点好，如果他觉得他给你造成了什么不方便，他就会自动降低条件。因为这样，他就更加相信他的这个冰箱的质量了。

他说："那好的，你先用吧。等到签证到手，你就送来给我吧。"那边很感谢他的宽容和信赖。

可是这一等还真得考验了他的耐心。因为事情有了一些变化。一个多月过后的一天，那人突然打过电话来跟他说，"对不起，现在签证还没有批下来，所以冰箱还是不能送过来，你还想买这个冰箱吗？"

他想了想，说："行，那你继续等吧。我还是想买你的冰箱。"

这一回，卖家没有说要等多久。大概卖家自己知道那不是他说了就能算数的。而他也没有问，因为既然已经答应了等他，再问也没有什么意义，更况且，他还有个不是很好的冰箱凑合着用。

在此期间，又有两个人给他打过电话来，说他们也有符合他要求的冰箱出卖。他甚至还忍不住去看了看离他家较近的一个老太太家的冰箱，的确也是一个很不错的冰箱，但只是体积有些大，使用的时间也长了一些，大概有 280 元就可以搞定。

其实他当时不用多想，完全可以立即就拍板将它买下来，对最早那个卖家，打个电话告诉他就是了，反正他也没有付出一分钱押金，还不知道得等多久呢。他相信，即使他将这个冰箱买下来，那个人也会觉得合情合理，一点也不会埋怨他什么，而他也不觉得对那个人有什么亏欠。

但是，回家后，他还是给那个老太太打了个电话，说谢谢她，让她还是将冰箱卖给别人吧。他在心里想，因为不买她的冰箱有两个理由：一不是最好的冰箱，他依然觉得最早的那个冰箱最理想；二是为了这份信赖。他是一个中国人，他要让这个外国人觉得中国人是很讲信用的。的确，他就是这样想的，一点也不想拔高自己。可能只有在国外，你才会真正感到"中国"这两个字的重要。

这么一直等下去，没想到这一等就等了半年的时间。这天夜晚，他突然接到了一个电话，是那个人打来的。他有点不好意思地问他："你还要我的冰箱吗？"

"你的签证下来了？"他反问他。

他们都很高兴，说好第二天他就将冰箱送上门去。

第二天一早，这个人与他的一个朋友果然开着货车按照他提供的地址将冰箱小心翼翼地送到了他家里。

冰箱真的很棒！是最时尚的款式，比他想象中的还要好，即使比这个差些，也要花 500 元才能买到。

他真是太兴奋了。

两位外国人不让他帮忙，便将冰箱完全放好。

他赶紧付钱，并请他们喝中国茶。

但他们说，太忙了，不喝了。

但就在他们要出门时，卖主却变魔术似地从口袋里掏出一瓶葡萄酒来，像发奖一样地交到他手上，并一字一句地跟他说："这里面装的全部都是信赖。"

他将这瓶葡萄酒握在手里，看着这沉甸甸的信赖，眼眶有些潮湿了……

人活在世上需要互相信任，就像需要空气和水，没有人不喜欢这份信任，因为如果没有这份信任，你将在这个世界寸步难行，试问，有谁愿意每天都戴一个假面具呢？这是对人本性的束缚，总有一天你会让自己疲累至极，脑筋瘫痪。就像心理分析专家弗洛姆说的："不善于信任别人的人，也就不善于爱人。"不要因为不信任而战战兢兢的做人，放开你的手脚，对自己有信心，对别人也有信心，那样你就形成了一个良性循环，你会发现你走到哪里都会受人爱戴，受人信任，你的生活充满了爱的氛围。

追求卓越的个性

守信就是你做人的本钱

生活中，张某常向别人炫耀自己人脉广，然而知情的人却说张某虽然认识不少人，但却没有什么真正的朋友，人缘极差，这都是由于他不守信用引起的。每一个人刚和他认识时，都觉得他既热情又大方，人品很不错，可是和他相处一段时间后就发现，这个人原来是"支票机"，他做出的承诺极少有兑现的。比如，有一次，他的朋友全家要在国庆节去张家界玩，由于担心到时候人太多订不到机票，就打算通过服务公司订高价票。张某知道了这件事，就对朋友说："订什么高价票啊！你跟我说一声不就行了，我有个同学在机场地勤处，我让他给你们留几张，不过由于那时候机票紧张，能不能打折我就不知道了！"朋友高兴的不得了，连忙说："哪儿还指望打折呀！能按正常票价买到，我们就很高兴了！而且又不需要我再去跑，在家等着就行了！那这事儿就麻烦你了，回来以后我请你吃饭！"张某满口答应着走了。国庆节马上就到了，朋友给张某打电话问票的事儿，张某这可有点着急了，因为当时他就是随口说说，根本就没给朋友办。因此他只能含含糊糊地说："啊，这事儿呀！我忘了告诉你了，我帮你问了，可我那同学说不好留票，还是让你们自己买吧！"朋友一听，差点没气晕过去，马上就是国庆节了，这还上哪订票去？结果朋友一家哪儿也没去，就在家里过了个黄金周。这样的事多了，朋友们也就看透了张某的为人，因此他们再也不相信张某，张某的人缘也就越来越差了。

张某的人缘差，完全是由他的不守信用造成的。守信是做人的最基本原则，也是建立良好人际关系的重要保证。就为人处世来说，没有什么比诚笃守信更重要的了，守信朋友就会信任你，就会爱戴你，人人都知道你是个可信的人，你的人缘就会越来越好。

守信，是中华民族的优秀文化传统之一，自古以来，中国人都十分注重讲信用，守信义。清代顾炎武曾赋诗言志："生来一诺比黄

第七章　诚实守信的卓越个性

金；哪肯风尘负此心。"表达了自己坚守信用的做人态度和内在品格。因此，中国人历来把守信作为为人处世、齐家治国的基本品质，言必行，行必果。

东汉时，汝南郡的张劭和山阳郡的范式同在京城洛阳读书，学业结束，他们分别的时候，张劭站在路口，望着天空的大雁说："今日一别，不知何年才能见面……"说着，流下泪来。范式拉着张劭的手，劝解道："兄弟，不要伤悲。两年后的秋天，我一定去你家拜望老人，同你聚会。"

两年很快过去了，一天，张劭突然听见天空一声雁叫，牵动了情思，不由自言自语地说："他快来了。"说完，赶紧回到屋里，对母亲说："妈妈，刚才我听见天空雁叫，范式快来了，我们准备准备吧！""傻孩子，山阳郡离这里1000多里路，范式怎会来呢？"他妈妈不相信，摇头叹息："1000多里路啊！"张劭说："范式为人正直、极守信用，不会不来。"老妈妈只好说："好好，他会来，我去备点酒。"其实，老人并不相信，只是怕儿子伤心，宽慰宽慰儿子而已。

约定的日期到了，范式果然风尘仆仆地赶来了，旧友重逢，亲热异常，老妈妈激动地站在一旁直抹眼泪，感叹地说："天下真有这么讲信用的朋友！"范式重信守诺的故事一直为后人传为佳话。

如果说兑现自己许下的诺言是负责任的一种表现，那么同样的，对别人遵守诺言也是诚实、负责的表现。

承诺是守信的重要组成部分，可以说，承诺的力量是强大的。遵守并实现你的承诺会使你在困难的时候得到真正的帮助，更会让你在孤独的时候得到友情的温暖，因为你信守诺言，你诚实可靠的形象推销了你自己，因此，这不仅让你交友获得成功，同时也会让你在生意上、婚姻上、家庭上获得成功。

不要认为这是空话，有许多事实可以证明这一点，国外国内知名度很高的企业无不把信誉推到第一位，受人尊敬的人无不是守信用的楷模。

相反的，有些人随随便便地向别人开"空头支票"，临到头来又不兑现，结果他们的朋友都离他们而去，他们的人缘也越来越差。

毋庸置疑，失信于人，说话不算数，许诺不兑现，意味着你丢失了做人的起码品质，意味着在别人眼中你是不讲信誉的伪君子。这个损失多么惨重，你当然会掂量得清清楚楚。

与人交往时，如果你犯了其他方面的错误，那么或许还有弥补的机会。但如果你不守信用，失去了别人的信任，那么别人就不会再与你共事，也不会再愿意与你打交道了。而在当今社会，没有朋友帮助、孤军奋战的人没有几个不失败的。守信就是你做人的本钱，它必将对你拓展良好的人际关系，赢得忠诚的朋友产生重要影响。

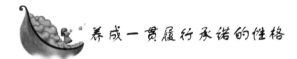

养成一贯履行承诺的性格

美国总统华盛顿曾经说："自己不能胜任的事情，切莫轻易答应别人，一旦答应了别人，就必须实践自己的诺言。"诺言代表着人与人之间的信任，它可以使彼此间增加友情、拉近距离。能履行诺言当然是好的，但是你如果做不到，那就是最伤害别人的事情。

所以我们应该慎重许下诺言，尽量考虑到各种可变因素和偶发事件，以防突然发生某些情况，妨碍诺言的履行。

他是美国一家著名报纸的编辑总监，有一次因为受联合国教文组织的委派，来中国做教育援助志愿者，他向大家讲述了一个在他身上发生的故事。

小凯蒂今年5岁，一年前我同她妈妈在芝加哥协议离婚时，承诺并将以下这个口头约定遵循至今：我们彼此都要永远地爱她，决不能让我们离婚的阴影触痛她幼小的心灵，并让她成为一个人格健全、心理健康的人。所以，当小凯蒂第一次哭着问我和她的妈妈"你们都不爱我吗？"时，我们的回答如出一辙："不，宝贝，我们都很爱你，并且我们发誓一辈子爱你，只是我们大人之间出现了一点问题——我们不再爱对方了，这让人沮丧，但宝贝你要明白，这是大人们的事情，跟你没有关系。"法庭将小凯蒂的抚养权判给了我。过了半年小凯蒂才逐渐接受了这个现实，同时她也明白，每个人都有权利做自己喜欢做的事，只要不违背大家共同承诺的游戏

规则。

我曾经多次和小凯蒂探讨，人最宝贵的品质是什么，最终我们达成了一个共识——诚实、善良、勇于承担责任排在至关重要的前三位。当小凯蒂将幼儿园玩的拼图游戏偷偷带回家，并撒谎说是同班的汤姆给她的时，我让她明白了这一点：撒了谎就必须接受惩罚。于是，小凯蒂在将玩具退回并道歉后，她还无奈地面临着三个关于惩罚的选择：一、一个星期之内不允许吃冰淇淋；二、取消周日下午去公园的滑草游戏和野餐活动；三、接受肉刑——在屁股上狠揍两巴掌。

我让她用 1 分钟的时间考虑，可她只是用了 5 秒钟就决定了接受第三种惩罚。她的选择让我相当为难，我不愿意体罚她，于是给了她第二次选择的机会。可她说决不放弃吃冰淇淋及滑草和野餐的权利。我只得致电给她妈妈，请她回来当"监刑官"。

我为自己的民主教育方式沾沾自喜，可是只过了一个星期，我就领教了民主的威力。

我一般经常在夜里 12 点以前处理完第二天要见报的稿子，可是由于这个星期天陪小凯蒂去公园玩，所以当晚一直忙到凌晨 3 点才休息。早晨 8 点，闹钟响了，睡意正酣的我随手将闹钟关了。那天，我是被孩子叫醒的。当我开车一路疾驰将小凯蒂送到幼儿园时，已经是上午 10 点半了。

玛丽女士是幼儿园的园长，她来到小凯蒂面前蹲了下来，面带微笑地问她："凯蒂，你为什么迟到了？""哦，小凯蒂昨天玩累了，因此今天上午多睡了一会儿，请您原谅。"我在一旁随口回答。"不，爸爸，你在撒谎！我没有贪睡，贪睡的是你！"身后的小凯蒂愤怒地大叫起来，她的眼里满含着泪水。我愣住了，很窘地看着小凯蒂，半天没说话，最后才说："非常抱歉，玛丽女士，的确是因为我贪睡才导致小凯蒂迟到的，请您原谅。"我缓过劲来，尴尬地向玛丽解释着。之后，我又蹲下来认真地跟小凯蒂说："宝贝，是爸爸错了，对不起。""爸爸，我接受你的道歉，可是你还没有承认你刚才在撒谎。"小凯蒂擦干眼泪，神情很是严肃地盯着我："你现在有两种惩罚方式可以选择"，小凯蒂竖起了两个指头："一、取消本周末和辛迪小姐（我刚认识的女友）的约会；二、接受肉刑。""宝贝，我选择肉刑，可是你得明白，妈妈昨天出差到洛杉矶去了，我们缺少一位'监刑官'。"我企图蒙混过去。"如果凯蒂不介意的话，我愿意接替你的妈妈出任本次肉刑的'监刑官'。"玛丽女士的声音在我们身后响起。我只好什么也不说，小凯蒂却肯定地点了点头。

于是，在那个星期一的上午，在美国的一所普通幼儿园里，响起了一个稚嫩的声音："请这位绅士体面地接受惩罚。"这一切的确非常令人尴尬——我，美国男性公民，35 岁，拥有密苏里州大学新闻学硕士头衔、现为美国一家著名报纸的编辑总监，穿着整齐的西装、锃亮的皮鞋，向我的女儿，小凯蒂，一个年仅 5 岁的孩子，撅起了屁股……

这位编辑总监先生的故事告诉我们的是，既然你定下了规则，那么规则就是每个人都应该遵守的，即使你面对的是小孩子也是一样，因为诺言是一把心灵的尺子，你养成了一贯履行承诺的性格，才能赢取别人的尊重、忠诚以及情感的信赖。

第八章　善于沟通的卓越个性

　　卓越人士善于沟通。沟通，说的简单点，就是人与人打交道。因为他们在处理人际关系时，更能把握好其尺度。

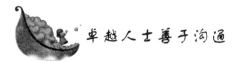
卓越人士善于沟通

卓越人士善于沟通。沟通，说的简单点，就是人与人打交道。因为他们在处理人际关系时，更能把握好其尺度。

为什么要沟通呢？其实，你的人际交往就是一种沟通，你在做事的过程中就是一种沟通。如果，有一位有眼病的人想配一副眼镜，他找到了医生。可这位医生是一位荒唐的眼科医生，他见病人要配眼睛，不分青红皂白，居然摘下自己的眼镜请病人试戴，理由是："我已经戴了几年了，效果很好，就给你吧！反正我家里还有一副。"

谁都知道这是行不通的，可是医生却说："我戴得很好，你再试试，别心慌。""可是我看到的东西都扭曲了。"

"只要有信心，你一定看得到的。"

经病人一再抗议，医生居然恼羞成怒。

"算我倒霉，好心没好报。"

这位眼科医生尚未诊断就先开处方，谁敢领教？这位医生就犯了没有相互沟通的错误。与人沟通时，有些人常犯这种不分青红皂白妄下断语的毛病。所以说，了解别人与表达自我是人际沟通不可或缺的要素。

再看看一位妈妈与宝宝的对话：

"说吧，宝贝，告诉我你感觉怎样。我知道这不容易，但我会尽力去理解。"

"哦，我不知道，妈妈。你也许会认为这很愚蠢。"

"当然不会！你可以告诉我的。宝贝，没有谁像我这样关心你。我只想使你幸福。什么事使你这么不开心！"

"好吧！跟你说实话，我就是不再喜欢上学了。"

"什么？"你惊讶地问。"这话什么意思？我们为了你的教育做

了那么大的牺牲，你竟然说这个话。受教育是为你的前途打基础。要是你像你姐那么用功，肯定比她学得好，那样你就会喜欢上学了。我们一再要你安下心来学习。你有这个能力，但就是不肯用功。好好努力吧！要有积极的态度。"

沉默。

"现在你说吧。告诉我你觉得怎样。"

我们有这样一种喜欢事先拟好建议来解决问题的倾向。但我们往往不能首先花一些时间进行诊断，去深入了解问题的症结所在。

如果用一句话归纳人际关系方面的一个最重要的原则，那就是：知彼解己——首先寻求去了解对方，然后再争取让对方了解自己。这一原则是进行有效人际交流的关键。

现在你正在读书，读和写是沟通的方式，听与说也是。这些都是最基本的沟通方式，也是最基本的生活技能。从小到大，我们接受的教育多偏向读写的训练，说也占其中一部分，可是从来没有人教导我们如何去听。然而听懂别人说话，尤其是从对方的立场去倾听，实在不是件容易事。

想要有效交流与发挥影响力，第一步就得了解对方，取得信赖。这不能依靠权术，必须靠诚实的品德、良善的本性，来感动别人，虚伪造作不要多久就会被揭穿。喜怒无常、表里不一、朝三暮四，也难以赢得尊敬与信赖，最好是用真情去沟通。

尽管你用心良苦，想给别人忠告或帮助，如果未能搔着痒处，又给人压迫感，便会引起抗拒，结果也是徒劳无功。反之，若能真心沟通，定能事半功倍，取得意外的效果。

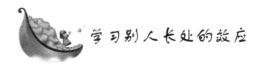

学习别人长处的效应

卓越人士的沟通实际是一种学习别人长处的原理。

如果一位总统要打猎的时候，他会去请教一个猎人，而不是请教政治家。他有政治问题的时候，会去请教一个政治家，而不是请教猎人。这就是要学习别人长处的原理。

一次，美国总统罗斯福要去打猎，他约好了著名猎人麦利菲德。在培德兰牧场，他们看见了一群野鸡，罗斯福便追着去打。"不要打。"麦利菲德喊着。

罗斯福对这命令毫不理会。当他的眼睛正盯着野鸡的时候，忽然从树丛中跑出了一只狮子，从罗斯福眼前掠过。罗斯福想拿出他的手枪，但是已太迟了。

麦利菲德红着眼珠，责骂罗斯福是头等的傻子，并以命令的口吻说道："我每次举起手的时候，你就要站着不动，懂吗？"

罗斯福安然地忍受着同伴的怒气，因为他晓得同伴是对的，日后他也驯良地服从猎人的命令。他之所以服从是因为那个猎人对于打猎具有高超的知识和经验。

一个电影明星的演技或许是无可挑剔的，但是如果让她来证明剧本的好坏，恐怕只会糟蹋那剧本了。一个传道的牧师或许是一个很正直诚实的人，但是如果要他证明某种专卖药品是好是坏，恐怕就有受人议论之虞了。总之，一个人的人格好，并不代表其对于任何事都有证明的资格。

我们求教于人时最容易走错的路，便是我们总是找那些使我们心中觉得舒服的人，要那些人说我们是对的，然而实际上我们要追求的乃是真理。

瓦烈梅克曾经说："年轻的人征求别人的意见，并不是想追求真正的智慧，或是利用长者已有的经验。他们不过是想让别人肯定他们自己的结论，如果得不到这种同情，他们仍按照自己的计划而行。"无论你的感觉是好是坏，要紧的是求得真理。你可以找到可靠的人，获得你所需要的见解。要知道，丢掉使你觉得难受的意见，终究是值得的。

关于求教有一件很重要而不可避免的事，那便是你对于别人的

追求卓越的个性

意见是否敢于接受以及敢于拒绝。一件事做错之后，不可责备朋友说："你怎么不教我采用别的方针呢？"结果恐怕是如果他说别的，你也不会听他的。

如果朋友给你的指导错了，切记不可归咎于他们。你是否认为求教于人最普通的原因，就是等到事情弄坏时，可以责备别人。你是否也有这种毛病呢？你是否结果好时便自鸣得意，结果不好便归咎于他人呢？

你对于请教人的态度得到了端正之后，你就可以批评的态度评估你所请教的人和他们的见解。关于这方面，你可以提出下列各问题：

1. 你所请教的人发表的意见是松弛的还是严格的？如果他是对于任何人都能贡献关于各方面问题的意见，那你对于他就可多有信赖。

2. 他是否是你所想请教的最适当的人选呢？看你的指导者对于问题的理解程度如何，而给予相当的信赖。

3. 他的意见是否与那些同类的专家相同呢？你最好要多得到几个专家的意见。

4. 他是否因为想取悦于你，便告诉你所喜欢听的意见呢？尤其是当他想借着博取你的好感而得到某种利益时，便特别有这种情形。

5. 他是一个保守者呢，还是一个激进者？如果他是趋于某一极端的，对于他的意见便要打些折扣。

6. 他对你是否有信心呢？他或许觉得你的才能不足以实行一种困难的计划，或是当他贡献意见时，却生怕你不能成就一种复杂的工作。总之，他是怕你失败。

7. 他是否怀着恶意想叫你走错路呢？他是否想借着你的失败而得到些许利益？如果你照着他的意思去做，他便可以得到利益，那么，你对于这种热心指导便要当心。

8. 他是否真心以你的利益为前提呢？

罗斯福屡次对比沙普说："我之所以觉得你可贵，是因为你所提

第八章　善于沟通的卓越个性

出的意见乃是我所需要的，而不是你为我所喜欢。"

衡量别人的意见最简单的方法，是看指导者是否真正喜欢你，是否诚意地想帮助你。而且他是否十分了解你，晓得你的能力怎样。所以他的诚意是很重要的。

不过诚意不是选择请教之人唯一重要的条件，动机很纯洁，然而意见却是错误的，也不在少数。

在沟通中赢得胜机

卓越人士往往都是在沟通中赢得胜机。

每一个卓越人士都明白：人都是生活在一个社会群体之中，而人际关系就成了你与社会交往的一根纽带。可人际关系并不是一日之间可以建立起来的，而需要你去长期经营。之所以会如此，是因为好的人际关系需要时间来了解，再从了解到信赖，而这个过程短则一年半载，长则七八年，甚至一二十年！三两天就"一拍即合"的人际关系往往是利益上的关系，基础很脆弱，这并不是好的人际关系，它带给你的有时甚至是毁灭性的打击！

所以，你建立的应该是一种经得起考验的人际关系，而不是速成的人际关系。

成功者都懂得人际沟通的技巧。成功者都非常珍视人际沟通的能力。

美国石油大王洛克菲勒说："假如人际沟通的能力也是如同糖或咖啡一样的商品的话，我愿付出比太阳之下任何东西更高的代价购买这种能力。"由此可见人际沟通能力在他心目中的地位。

在现代社会里，不善于人际沟通，便会失去许多合作的机会；而没有合作，单靠一个人或少部分人的努力，是不会有真正的成功的。

艾柯卡是美国最著名的企业家之一，曾在美国民意测验中当选为"美国最佳企业主管"。他曾经担任美国福特汽车公司的总经理，后来却在另一家汽车公司克莱斯勒公司濒临倒闭时，就任克莱斯勒公司的总裁。

"受命于危难之际"的艾柯卡是怎样拯救这家奄奄一息的公司，从而创造出为人们所津津乐道的"艾柯卡神话"的呢？他的法宝之一，就是人际沟通。当时的克莱斯勒公司产品品质不高，债台高筑，求贷无门，人浮于事，"就像一只漏水的船在波涛汹涌的洋面上渐渐下沉"。

艾柯卡明白，要东山再起，重振企业，除了首先在内部大刀阔斧地改革，提高员工的士气外，必须尽快着手开发新型轿车，重新参与市场竞争，除此之外没有第二条路可走，可是当时大大小小的银行无一家肯贷款给他的公司。严酷的现实迫使艾柯卡向政府求援，希望得到政府的担保，以便从银行贷到 10 亿美元的贷款。

消息传出后，在社会各界引起了轩然大波。原来，美国企业界有条不成文的规矩，认为依靠政府的帮助来发展企业，是不符合自由竞争原则的。

面对眼前的困境，艾柯卡既没有泄气，也没有抱怨，他知道沟通比抱怨更重要。

他每天工作 12～16 小时，奔走于全国各地，到处演讲游说。同时，又不惜重金雇请说客，游说于国会内外，活动于政府各部门之间，同他互相呼应。

在演讲中，他援引史实，有根有据地向企业界说明，以前的洛克希德公司、华盛顿地铁公司和全美五大钢铁公司都先后得到过政府的担保，贷款总额高达 400 亿美元。克莱斯勒公司在濒临倒闭之际请政府担保，仅仅是为了申请 10 亿美元的贷款，本来是不该引起人们非议的。接着，他又向新闻舆论界大声疾呼：挽救克莱斯勒正是为了维护美国的自由企业制度，保证市场的公平竞争。北美总共只有通用、福特和克莱斯勒三大汽车公司，如果因克莱斯勒破产而

217

仅剩两家，形成市场垄断局面，那还有什么自由竞争可言？

对政府部门，艾柯卡则采取不卑不亢的公关策略。他替政府算了一笔账：如果克莱斯勒现在破产，会造成 60 万工人失业，全国的失业率会因此而提高 0.5%，政府第一年便必须为此多支付 27 亿美元的失业保险金及其他社会福利开支，而最终又将会使纳税人多支出 160 亿美元来解决种种相关的问题。艾柯卡向当时正受财政出现巨额赤字困扰的美国政府发问："你是愿意白白支付 27 亿美元呢？还是愿意出面担保，帮助克莱斯勒向银行申请 10 亿美元的贷款呢？"

艾柯卡还为每一个国会议员开出一张详细的清单，上面列有该议员所在选区内所有同克莱斯勒公司有经济来往的代销商和供应商的名字，并附有一份一旦公司倒闭将会在该选区内产生什么样后果的分析报告。他暗示这些议员，如果因公司倒闭而剥夺你的选民的工作机会的话，对你的仕途是不会什么好结果的。

艾柯卡的公共关系战略终于获得了成功，企业界、新闻界、国会议员都不再反对担保，美国政府也开始采取积极合作的态度。他终于得到了用于开发新型轿车的 10 亿美元的贷款。

3 年后，克莱斯勒公司开始扭亏为盈，第 4 年便获得 9 亿多美元的利润，创造了这家公司有史以来最好的经营纪录。

艾柯卡的成功经历告诉我们，沟通是何其重要。

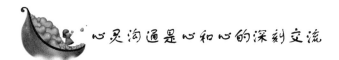

心灵沟通是心和心的深刻交流

人人都希望被了解，也急于表达自己，却疏于倾听。一般人聆听的目的是为了做出最贴切的反应，根本不是想了解对方。因为我们常以为天下人都跟自己一样，以己之心即可度人之腹。"噢，我完全了解你的感受，我也有过类似的经历，是这样的……"这类反应经常出现在日常交谈中。人们总是依自身的经验来了解别人的作为，把自己的概念强加在别人身上，却又怪罪他人"不了解我"。

有位望子成龙的父亲曾抱怨："真搞不懂我那宝贝儿子，他从来不肯听我说话。"

有人会问："你是说，因为孩子不肯听你说话，所以你不了解他？"

"对啊！"

提问者再次强调，他依然不觉得自己有什么不对。电只好明说："难道要了解一个人，不是你'听'他'说'，而是他听你说？"

这位父亲愣了一下，好一会儿才恍然大悟："噢，没错！可是，我是过来人，很了解他的状况。唯一叫人想不透的，就是他为什么不听老爸的话？"

这位父亲确实完全不明白儿子的心事，他只用自己的观点去揣度儿子的世界，无怪乎打动不了儿子的心。事实上大部分人都是这么自以为是。

"聆听"也有层次之分。层次最低的是"听而不闻"，如同耳边风。其次是"虚应故事"，"嗯……是的……对对对……"略有反应，其实心不在焉。第三是"选择性的听"，只听合自己意的。第四是"专注的听"，每句话或许都进入大脑，但是否听出了真意，值得怀疑。层次最高的则是"用心灵沟通"，一般人很少办得到。

某些沟通技巧强调"主动式"或"回应式"的聆听——以复述对方的话表示确实听到，用心灵沟通却有所不同。前者仍脱离不了为反应、控制、操纵而聆听，有时甚至对说话者是一种侮辱。至于用心灵沟通，出发点是为了理解而非为了回应，电就是透过言谈明了一个人的观念、感受与内在世界。用心灵沟通和同情有些差别，同情掺杂了价值判断与认同。有时人际关系的确需要多一份同情，但易于养成对方的依赖心。用心灵沟通也不代表赞同，而是指深入了解对方的感情与理智世界。

用心灵沟通不只是理解个别的词句而已。据专家估计，人际沟通仅有10%通过语言来进行，30%取决于语调与声音，60%则得靠肢体语言。所以在用心灵沟通的过程中，不仅要耳到，还要眼到、心到。用眼睛去观察，用心灵去体会。如此沟通效果宏大，它能为你的行动提供最准确的资讯。你不必以己度人，也不必费心猜测，你所要了解的是对方的心灵世界。沟通是为了理解，是心和心的深刻交流。用心灵沟通还有助于感情存款的增加。因为，毕竟单方面的努力不足以增进感情，除非对方真的心领神会，感情才会滋长。若被误会为别有用心，反而会降低感情账户内的余额。

 卓越人士身边没有陌生人

卓越人士身边没有陌生人，原本是擦身而过的陌生人，但彼此伸出手一握住，便不再漠不相干了，这就是沟通的结果。

冷淡是因为怕被拒绝，其实沟通了，也就了解了，也容易相处了。

一位女士在圣诞节期间，带着她 5 岁的儿子在一家大百货公司购物。她认为当儿子看到这家百货公司的装饰、橱窗展览以及圣诞玩具之后，一定会十分高兴。她拉着儿子的手，走得很快，使得儿子那双小腿几乎跟不上。儿子开始大哭大闹，紧紧抓住母亲的外衣。"老天爷，你到底怎么了？"她很不耐烦地训斥儿子："我带你来，是要你分享一下圣诞节的气氛。圣诞老人不会把玩具送给那些又哭又闹的孩子。"

儿子还是吵闹不休，她则忙着抢购圣诞节前最后一分钟大抛售的物品。"如果你不马上停止吵闹，我以后永远不再带你出来买东西了。"她警告他。"哦！对了，是不是因为你的鞋带松了，被鞋带绊住了？"她一边说，一边就在台阶上蹲下来，替她的儿子绑鞋带。

就在她蹲下来的时候，她凑巧抬头看了一看。这是她第一次透过 5 岁儿子的眼睛来看一家大百货公司。从那个角度望上去，看不到美丽的商品、珠宝饰物、礼物、装饰美丽的柜台，或是玩具，所能看到的全是迷宫似的走道，到处都是烟囱似的长腿和背影。这些大山似的陌生人，一双脚犹如溜冰板，他们推来推去，又抢又夺，又奔又跑。这种情形不仅不好玩，简直可怕极了！她立即决定把她的小孩子带回家，并对自己发誓说，绝对不再把她的想法强行加在他身上。

在他们走出百货公司途中，这位母亲注意到，圣诞老人坐在一个装饰得像北极风景的亭子里。她想，如果能让她的小孩子亲自与圣诞老人见面，将会使他忘掉方才那可怕的一幕，而让他记得采购圣诞物品是一次愉快的活动。

"去和其他的小孩子一样，等一等坐到圣诞老人的膝上。"

她这样哄着他，"告诉他，你希望得到什么圣诞礼物。你在讲话时要面带笑容，这样，我才能替你拍照，并把照片镶入我们家的相册中。"

虽然他们已经见到一位圣诞老人站在百货公司大门口外面摇着铃，另外还有一个圣诞老人在购物中心内，但这位母亲还是把她的小儿子推向前，要他和这个圣诞老人做一番愉快的交谈。这个怪模怪样的男子戴着假胡须和眼镜，身穿红色外衣，红衣里还塞了一个枕头，他把这个小男孩抱在膝上，哈哈大笑，然后用手指轻触小男孩的肋骨，向他搔痒。

"你想要什么圣诞礼物呢？孩子。"圣诞老人很和蔼地问道。

"我想下去。"小男孩轻声回答说。

对小男孩来说，这个圣诞老人只是个陌生人。他在前面已经看到了两个圣诞老人，但他的母亲却要他坐上这个"真正的"圣诞老人的膝盖上。对一个5岁的小男孩来说，在一间挤满了匆忙的成年人的百货公司里，进行最后5分钟的大抢购，绝对不是一件好玩的事。这位母亲由于曾经蹲下来替儿子绑鞋带，并且目睹了他在面对一个陌生的圣诞老人时所表现的不安，使她得到了很难得的与儿子沟通的经验。

221

不能沟通就不能合作，沟通是合作的前提。与他人沟通，首先就要明白，每一个人都有相同的权利去满足他的生活需求。大家都知道，肤色、出生地、政治信仰、性别、经济情况以及智力并不能决定一个人的价值。成功的沟通就要接受这一事实：每个人都是与众不同的人物，世界上没有两个完全相同的人，沟通要因人而异。

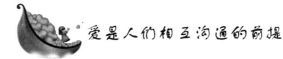

爱是人们相互沟通的前提

你必须爱自己，然后才能把爱施舍给其他人。爱是独立的，而且是以我们和其他人的分享为基础的，并且基于独立性的选择，而不是出于依赖性的需求。真正的爱，就是由两个具有维持本身生活能力的个人所组成的一种关系。只有独立的人，才能自由选择维持一种关系。不独立的人，他们都因为有所需求，才会继续维持关系。

可见，爱是人们相互沟通的前提。

卓越人士的沟通原则是，你我和一个陌生人打交道时，总是先把手伸给对方，请求对方和我们握手，因为我们已经知道，这是向他人表示尊敬的一种方式。除了用力握手之外，我们还要把眼光直视对方，同时面带温暖、开朗的微笑，借以显示我们进行这种沟通的强烈兴趣。在会见一个陌生的人时，我们总是先自动报出自己的姓名，并在说出姓名之前，加上一句"早安"、"午安"，或"您好！"这些行为也可以用在电话交谈上。

成功沟通的前提是聆听，你我在经过自我介绍之后，就成为一个积极的聆听者。耐心聆听，并且替对方设身处地着想。我们都知道，倾听是可以学到很多东西的。

我们盼望结交新朋友，友善地与陌生人谈话，我们同某人说话，或聆听他们说话时，都要看着他们。我们既宽容又仔细地聆听，即使我们可能并不同意他们所说的话。

我们平等地对待他人。我们聆听既沉闷又无知的谈话，因为，他们的内容也自有一套道理。我们不会咄咄逼人地追问问题。我们试着在陌生人身上寻找特别的美丽，然后真诚地称赞他们。我们让陌生人谈到自己，以便了解他们。

我们容易了解，而且容易相处。我们并不期望其他人会对我们所说的话产生反应。我们也不想尝试着去探讨他脑中究竟在想些什么。

成功的沟通是以爱为前提的，我们在面对陌生人时，充满自信，因为我们想了解，不管其他人表面多镇定，但几乎每一个人都急于会晤新的人，以争取友谊或个人的发展。我们也知道，几乎每个人的内心都存在着少许害怕被别人拒绝的恐惧感，只有爱才能打消这种恐惧感。当你我面对一个可能成为朋友的陌生人、一个将来可能和你做生意的人，或是我们自己的家人时，我们的态度是热诚的，而不是自私的。我们关心的是其他人，不是我们自己。当我们在内心对其他人——而不是对我们自己——产生兴趣时，他们将会感觉出来。他们也许无法以语言说出他们为何有这些能力，但他们确实有这种能力，相反的，当人们和那些只在脑中想到自己利益的人交谈时，他们就会产生不舒服的感觉。这就是所谓的非语言沟通："你虽然说得如此大声，但我却听不懂你在说些什么。"

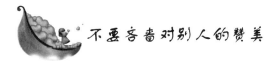

不要吝啬对别人的赞美

曾读到过这样一则故事。

有一个5岁的女孩，在教堂的表演中首次登台演唱。她有着优美的歌声，她的天才从一开始便颇有造就。当她长大时，她的家人了解她需要专业声乐训练，就请了一个很有名的声乐教师来训练她。这位教师造诣很深，很少有人比得上。他是一个十分苛求完美的教

223

师。不论何时，只要这女孩一想到放弃或节奏稍微不对，他都会很细心地指正。经过一段时间以后，她对教师的崇拜日益加深。即使年龄差异很大！而且他的严格远胜于鼓励，但是她最后还是嫁给了这位教师。

婚后，这位教师继续教她，但是她的朋友发现她那优美自然的腔调已有了变化，带着拉紧、硬绷绷的音质，不再是以前那种清爽而刺激的声调了。渐渐的，邀请她去演唱的机会越来越少。最后，他们几乎不邀请她了。而这时她的先生，也是她的教师死了。

以后几年她很少演唱，或根本没有演唱。她的才能很少被利用，直到又有一位推销员开始追求她为止。有时候，当她正在哼着小调，或一个乐曲旋律时，他会惊叹歌声的美妙。"再唱一首，亲爱的。你有全世界最美的歌喉。"他总是这样说。事实上，他可能并不知道她唱得是好是坏，但是他确实非常喜欢她的歌声，所以他一直对她大加赞扬，她的自信心开始恢复了，她又开始前往各地演唱，稍后，她嫁给了这位"良好的发现者"，又重新开始了成功的歌唱生涯。

有人说恭维不过是几句话的空气而已，但那位推销员对她的称赞出于诚挚、真心。衷心的恭维事实上是最有效的教导与驱动。恭维似乎把空气放得太多了，但是就像我们用来灌满汽车轮胎的空气一般，能为我们解决人生高速公路中的一些疑难问题。

一个纽约商人把一枚一元的硬币丢进一个卖铅笔人的杯子，匆忙踏进地铁。他想了一下觉得不对，又跨出地铁，走到卖铅笔人那里从杯中取走几支铅笔。他抱歉地解释说，他在匆忙中忘记取走铅笔，希望这个人不要太介意。"毕竟，"他说，"你跟我都是商人。你有东西要卖，而且上面也有标价。"然后他赶下一班车走了。

几个月以后在某一社交场合，一位穿着整齐的推销员迎向这个商人，并自我介绍："你可能已经忘记我了，而我也不知道你的名字，但是我永远忘不了你。你就是那个重新给了我自尊的人。我一直是一个销售铅笔的乞丐，直到你跑来，并告诉我，我是一位商人为止。"

一个人内在的才能到底有多少，答案着实令人惊讶。成功的第一步是知道自己的潜能，第二步是知道其他人的潜能。幸运的是，当我们认可自己的能力时，就容易认可其他人的能力。一旦我们明了这一点，就能帮助他们了解了。

几年前，罗伯特博士在哈佛大学主持了一系列有趣的实验，实验对象是三群学生与三群老鼠。他对第一群学生说："你们很幸运。你们将和天才小白鼠在一起。这些小白鼠相当聪明，它们会到达迷宫的终点，并且吃许多干酪，所以要多买一些喂它们。"

他告诉第二群学生说："你们的小白鼠只是普通的小白鼠，不太聪明。它们最后还是会到达迷宫的终点的，并且吃一些干酪，但是不要对它们预期太大，它们的能力与智能只是普通而已。"他又告诉第三群学生说："这些小白鼠是真正的笨蛋。如果它们能找到迷宫的终点，那真是意外。他们的表现自然很差，我想你们甚至不必买干酪，只要在迷宫终点画上干酪就行了。"往后六个星期，学生们都在精确的科学情况下从事实验。天才小白鼠就像天才人物一样地行事。它们在短期间内很快就到达了迷宫的终点。你期望从一群"普通小白鼠"那里得到什么结果呢？它们也会到达终点，但是在这种过程中并没有写下任何速度记录。至于那些愚蠢的白鼠呢？那更不用说了。它们都有真正的困难，只有一只最后找到迷宫的终点，可以说是一个明显的意外。

有趣的事情是在于，根本没有所谓的天才小白鼠和愚蠢小白鼠之分，它们都是从同一窝小白鼠中来的普通小白鼠。这些小白鼠的成绩之所以不同，是参加实验的学生态度不同而产生的直接结果。简而言之，学生们因为看到小白鼠不同才对它们不同，而不同的处理导致不同的结果。学生们并不知道小白鼠的语言，但是小白鼠懂得态度，而态度就是普通的语言。

这个有关小白鼠的实验，已经扩展到当地的一个小学。

有人告诉一位教师："你很幸运，你跟天才儿童在一起。这些学生非常聪明。你的问题还没说完，他们就会给你答案。然而，你要小心，他们可能聪明得想要愚弄你。他们有些人想偷懒，希望你少留作业！不要听他们的。他们都会把作业赶出来。你只要把作业交给他们就行了。如果你给他们带来信心，以及一些日常的爱、训练与真诚的兴趣，这些小孩就能解决最困难的问题。"

有人告诉第二位教师："你教的是普通的孩子。他们既不太聪明也不太愚蠢，只有一般的智商、背景和能力，所以我们预期只有普通的效果。"在该学年结束时，天才学生个个都比普通学生领先很多。但纵然不是天才，你也能猜出这个故事的结局。事实上，根本没有天才学生，所有学生都是普通学生。唯一不同的就是教师的态度。教师认为普通学生是天才，所以就把他们当成天才，而他们也做得真的像天才一样。最重要的问题是，你的孩子是否在五分钟内变得更聪明一些呢？在你们公司中，销售人员的情形又如何呢？在几分钟内，你的员工或同事是否变得比较有生产力、比较聪明、比较有能力呢？你太太的情形怎样呢？她是不是变得更美丽、更幽默呢？或者你丈夫是否又成长了一些呢？如果这些事情并未发生的话，我鼓励你翻回几页书，重新再读一遍，因为你漏看了重点。

请再看一个例子。

在绿湾比赛的练习期间，蓝伯第队的情况并不怎么顺利。蓝伯第队挑出一位身材高大的后卫，因为他屡屡失误而必须退出场外，不得继续参加比赛。教练把后卫杰瑞叫下来，很威严地训诫他："孩子，你是一个卑劣的运动员。你没有阻挡对方，没有跟对方交锋，没有全力奋战。事实上，你今天已经全完了，快回去冲洗吧！"这位高大的后卫点点头，然后走进更衣室。45分钟后蓝伯第走进来时，他看见高大的后卫坐在他的柜子前面，仍然穿着他的运动服，正静静地低头啜泣。

这位善于改变人性、富于同情心的教练，走到橄榄球运动员那里，手臂环绕在对方肩膀上。"孩子，"他说："告诉你真情，你是一位卑劣的运动员。你没有阻挡对方，没有跟对方交锋，没有全力奋战。然而，凭良心说，我应该告诉你，你自己的内心有一个伟大的橄榄球运动员，我正要紧紧地抱住你，直到你内在伟大的撒榄球运动员有机会出来，并且声明他是一位伟大的橄榄球运动员为止。"

这些话使杰瑞激动万分。事实上，他最后变成了橄榄球界的杰出人士之一，甚至最近还荣获职业橄榄球界最近50年杰出后卫的称号。

这就是蓝伯第的本事。他能见到其他人美好的一面，并且像他见到他们一样地对待他们，帮助他们发挥内在美好的一面。结果，这些运动员连续三年为蓝伯第赢得世界杯橄榄球冠军。

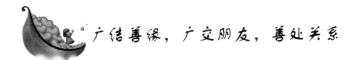

广结善缘，广交朋友，善处关系

广交朋友，善处关系，无疑就是一条十分有效的获取信誉的途径，这样，你就能够在竞争中始终处于一种领先的地位，取得事业上的成功。在许多人的心目中，商场就是战场，充满着尔虞我诈、你死我活的斗争，根本没有什么人情好讲。其实不然，要想在商场上不被竞争掉，你就必须懂得广交朋友，善于用"悟"，它会给你带来意想不到的收获。

世上有很多条路，但朋友之路是万万不可断绝的。"多个朋友多条路，多个冤家多堵墙"，这句话在世界上每个国家都有相同意思的版本，多交朋友，少树敌人，对每个人都是有意义的忠告，在卓越人士的成功字典中，处理好人际关系已得到公认。

现代心理学和社会学的研究已证实，人际关系具有四大功能或者说四大作用：

1. 产生合力

平时，我们常说的"人多力量大"，"团结就是力量"，"人心齐，泰山移"，说的就是这个道理。

在现代社会，分工细化，竞争残酷，单凭一个人的力量是根本

227

无法取得事业上的任何成就的。只有借助众人之力，才有可能创造辉煌的人生。而要获得众人的帮助，上下一心，攻克目标，那就必须学会搞好人际关系。

2. 形成互补

俗语说：一个篱笆三个桩，一个好汉三个帮。一个人，即使是天才，也不可能样样精通。所以，他要完成自己的事业，就必须善于利用别人的智力、能力和才干。

然而，用人并不仅仅是一种雇佣与被雇佣的关系，而最大限度地调动下属的工作积极性，就必须掌握一定的人际关系技巧。

在一个人开拓自己的事业时，总要遇到自己力所不能及的困难，这时，良好的人际关系则会助你一臂之力，为你扫清障碍。

3. 联络感情

人是一种感情动物，他必须时刻进行感情上的交流，他需要获得友谊。在迈向成功的道路上，要想坚持到底，仅仅依靠信念的支撑是不够的，还必须有友谊的滋润。

良好的人际关系会使你获得一种强大的力量和热情，在成功时得到分享和提醒，在挫折时得到倾诉和鼓励，这必将会有助于你心理的有益平衡，从而有勇气迈向新的征程。

4. 交流信息

在现代社会，可以说掌握了信息就等于是把握住了成功。一条珍贵的信息可以使人功成名就，腰缠万贯，而信息闭塞也可能会使人贻误战机，遗憾终生。

广交朋友，善处关系，无疑就是一条十分有效的获取信息的途径，这样，你就能够在竞争中始终处于一种领先的地位，取得事业上的成功。

在许多人的心目中，商场就是战场，充满着尔虞我诈、你死我活的斗争，根本没有什么人情好讲。

其实不然，要想在商场上不被竞争掉，你就必须懂得广交朋友，善于用"情"，它会给你带来意想不到的收获。

香港富豪李兆基就非常善于处理人际关系，这使他的生意也充满了人情味儿，并且获益匪浅。他的哲学是：对长期合作伙伴，一定要让彼此皆大欢喜。

1988 年的一天，建筑部的经理偶然向李兆基提及，说承接恒基集团一项工程的承包商要求他们补发一笔酬金，遭建筑部的拒绝。

李兆基便问："那个承包商为什么要出尔反尔呢？一定有他的原因吧？"

"是的。"建筑部的人回答："他说他当初落标时计错了数。直到如今结账时，才发觉做了一桩亏本生意。"

本来，这桩买卖是签了合同的，有法律保障，大可不必对此进行处理。

李兆基却说："在市道不俗时，人人赚到钱，惟独他吃亏，也是够可怜的。

法律不外乎人情，承包商是我们的长期合作伙伴，反正这个地盘我们有钱赚，也就补回那笔钱给他，皆大欢喜吧！"

由此可见，注重人情投资也会使你获利。无论做什么事，一定要讲点儿人情味儿。

李兆基之所以能成为亿万富翁，做出那么大的局面，这与他善于运用人际关系技巧有着十分重要的关系。

凡跟李兆基工作过的人都对他赞不绝口，认为他是最照顾伙计利益的好老板。为了取得同事的精诚合作，李兆基给几位左右手一些机会，让他们投股于一些十拿九稳的房地产计划上，让他们能赚到比薪金多几倍的利润。使同事分享业务的盈利，感受做生意的乐趣，对士气肯定会有良好帮助，这是李兆基的一贯态度。

有一次，李兆基就拿出某地产项目的 15% 让身边的 5 位好伙计入股，结果，有一人没那么多钱，只好把股份放弃了 2%。

李兆基知道了这件事，在问明原委之后，对他说："我有机会赚 1 万，都希望你们赚 10 万。这样吧，我把我名下的 2% 股份让给你，股本暂时你欠我的，将来赚到钱，你再偿还给我吧！"

于是，大家都赚到了钱。对于李兆基来说，真是本小利大。付出小小的钱，就能赢得一团和气，合作愉快。

对下属，李兆基同样是善用人情，巧妙关怀，挟危济急，赢得一片忠心和无限感激。

有一次，李兆基身边一位任事多年的下属因自己炒楼炒股失败，血本无归，又被证券经纪行迫仓，搞得欲哭无泪，走投无路。

李兆基知道了这件事，也不等对方开口，马上叫来会计，嘱咐说："替他平仓吧。"

当时李兆基的恒基集团也欠下银行很多的债务，可以说是自顾无暇，而市场又不景气。会计便忍不住问了句："在这个时候帮他吗？"李兆基说："就是这个时候，我不帮他，还会有谁帮他？"

这一做法自然是让那位下属感激涕零，做起工作来更加勤恳卖力了。

和气生财，这是李兆基成就事业的秘诀之一。

不论对上对下、对内对外，良好的人际关系有时就是一笔巨大的投资，必然会在你需要的时候给你丰厚的回报。

 与别人交流时要换位思考

卓越人士在与别人交流时，善于回避由己及人的反应。为了避免出现这种反应最好是换位思考。我们在听别人讲话时总是会联系我们自己的经历，因此自以为是的人往往会有四种"自传式回应"的倾向：

1. 价值判断——对别人的意见只有接受或不接受。

2. 追根求底——根据自己的价值观探查别人的隐私。

3. 好为人师——根据自己的经验提供忠告。

4. 理所当然——根据自己的行为与动机衡量别人的行为与

动机。

价值判断令人不能畅所欲言，追根求底则使人无法开诚布公，这些都是经常造成沟通紧张的一大障碍。

青少年与朋友打电话可以扯上一两小时，跟父母却无话可说，或者把家当成吃饭睡觉的旅馆，为什么呢？如果父母只知训斥与批评，孩子怎么肯向父母吐真言？

曾有人专门讨论过这个问题，却发现人们常自以为是，大人的观点要比孩子正确，想问题比孩子全面。无怪乎每次角色扮演时，许多人都意外地发现，自己居然也有这种通病。好在只要病情确定，治疗并不难。

请看以下一对父子的谈话，先从父亲的角度来看：

"上学真是无聊透了！"

"怎么回事？"（追根求底）

"学的都是些不实用的东西。"

"现在的确看不出好处来，我念书时也有同样的想法，可是现在觉得那些知识还挺有用的，你还要认真学习！"（好为人师）"我已经耗了 10 年了，难道那些 $x + y$ 能让我学会修车吗？"

"修车？别开玩笑了。"（价值判断）

"我不是开玩笑，我的同学李明学修车，现在月收入不少，这才有用啊！"

"现在或许如此，以后他后悔就来不及了。会修车有什么用。好好念书，将来不怕找不到更好的工作。"（好为人师）

"我不知道，可是他现在很成功。"

"你用功了吗？这所高中是名校，不会差不到哪儿去。"（好为人师、价值判断）

"可是同学们都有同感。"

"你知不知道，把你养到这么大，你妈和我牺牲了多少？已经读到高二了，不许你半途而废。"（价值判断）

"我知道你们牺牲很大，可是不值得。"

231

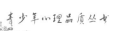

"你应该多读书，少看电视……"（好为人师、价值判断）

"爸，唉……算了，多说也没什么用。"这位父亲可谓用心良苦，但并未真正了解孩子的问题。让我们再听听孩子可能想表达的心声。

"上学真是无聊透了！"（我想引起注意，与人谈谈心事。）

"怎么回事？"（父亲有兴趣听，这是好现象。）

"学的都是些不实用的东西。"（我在学校有了问题，心里好烦。）

"现在看不出好处来，我当年也有同样的想法。"（哇！又提当年勇了。我可不想翻这些陈年旧账，谁在乎他当年求学有多艰苦，我只关心我自己的问题。）

"可是现在觉得那些知识还挺有用的，你就忍耐一下吧！"（时间解决不了我的问题，但愿我说得出口，把问题摊开来谈。）

"我已经耗了 10 年了，难道那些 $x+y$ 能让我学会修车吗？"

"修车？别开玩笑了。"（他不喜欢我当修车工，不赞成休学，我必须提出理论根据。）

"我不是开玩笑，我的同学李明辍学学修车，现在月收入不少，这才有用啊！"

"现在或许如此，以后他后悔就来不及了。"（糟糕，又要开始说教。）

"你不会喜欢修车的。"（爸，你怎么知道我的想法？）"好好念书，将来不怕找不到更好的工作。"

"我不知道，可是李明现在很成功。"（他没有念完高中，可是混得很不错。）

"你用功学习了吗？"（又开始顾左右而言他，但愿爸能听我说，爸，我有要事跟你说。）"这所高中是名校，应该差不到哪儿去。"（唉，又转个话锋，我想谈我的问题。）

"可是同学们都有同感。"（我是有根据的，不是瞎说。）

"你知不知道，把你养到这么大，你妈和我牺牲了多少？"（又是老一套，想让我感到惭愧。学校很棒，爸妈也很了不起，就只有我是个笨蛋。)"已经读到高二了，不许你半途而废。"

"我知道你们牺牲很大，可是不值得。"（你们根本不了解我。）

"你应该多读书，少看电视……"（问题不在这里。爸，你根本不明白，讲也讲不通，根本不该跟你谈的。）

"爸，唉——算了，多说也没什么用。"这个例子充分显示有效的沟通多么不易，了解他人又是多么重要。正确的沟通方式也就是同理心倾听，至少包括四个阶段。

第一阶段是复述语句，这至少能使人专心聆听：

"上学真是无聊透了！"

"你已受不了了，觉得上学太无聊。"

第二阶段加入解释，纯用自己的词句表达，但仍用左脑的逻辑思考去理解："你不想上学了。"

第三阶段渗入个人的感觉，右脑发挥作用。此时听者所注意的已不止于言语，也开始体会对方的心情："你觉得很有挫折感。"

第四阶段是既加以解释，又带有感情，左右脑并用：

"你对上学有很深的挫折感。"

运用第四阶段的方式沟通，不仅能了解对方，更能帮助对方认清自己，勇于表白。再以前面的例子说明：

"上学真是无聊透了！"（我想引起注意，与人谈谈心事。）

"你对上学有很深的挫折感。"（对，这正是我的感觉。）"没错，学校的东西根本不实用。"

"你觉得读书对你没什么用。"（想想看，我是那么说的吗?）"对，学校的不一定对我有用。你看李明，他现在修车技术一流，这才实用。"

"你觉得他的选择正确。"（嗯……）

"嗯，从某个角度看确实如此。现在他收入不错，可是几年后，或许会后悔。"

"你认为将来他会觉得当年做错了决定。"

"一定会的，现在的社会里，教育程度不高会吃亏的。"

233

"教育很重要。"

"对，如果高中都没毕业，一定找不到工作，也上不了大学。有件事——我真的很担心，你不会告诉妈吧？"

"你不想让你妈知道？"

"不是啦！跟她说也无妨，反正她迟早会知道的。今天学校举行阅读能力测验，结果我只有小学程度，可是我已经高二了！"

儿子终于吐露真言，原来他担心阅读程度不如人。

此时才是父亲发挥影响力，提供意见的时刻。

不过在开导过程中，依然要注意孩子言谈间所传达的信息。若是合理的反应不妨顺其自然，但情绪性反应出现时，必须仔细聆听。

"我有个构想，也许你可以上补习班加强阅读能力。"

"我已经打听过了，可是每星期要耗掉好几个晚上！"

父亲意识到这是情绪性反应，又恢复同理心倾听。

"补习的代价太高了。"

"而且我答应同学，晚上另有节目。"

"你不想食言。"

"不过补习如果真的有效，我可以想办法跟同学改时间。"

"你其实很想多下点功夫，又担心补习没用。""你觉得会有效吗？"孩子又恢复了理性，父亲则再次扮演导师的角色。

为了避免出现由己及人"自传式回应"的倾向，卓越人士的做法是：

1. 站在对方的观点去了解对方，再决定对方的意见是接受还是不接受。

2. 卓越人士告诫，千万不要根据自己的价值观探查别人的隐私。

3. 根据自己的经验提供忠告，但不要把意愿强加于人。

4. 不要单方面的根据自己的行为与动机衡量别人的行为与动机。

良好沟通的六个秘诀

要想成功，就要学会沟通、善于沟通。卓越人士为你提供了良好沟通的六个秘诀。

1. 要微笑

你的面部表情比你的服饰更为重要。"笑"是人类独有的天赋，也是人类共有的天赋。无论贫富贵贱都一样，笑容用之不尽，取之不竭，关键是你用还是不用，用多还是用少。行动比语言更有力量，而微笑所表现的是："我喜欢你。你使我快乐，我很高兴见到你。"

笑表示喜欢、接纳、亲和。

微笑胜过美丽的面容和华贵的服饰。微笑，如一缕温和的阳光，溶化冰冷漠然，穿透抵触封闭；一把钥匙开一把锁，微笑则是一把开启心扉的"万能钥匙"。

"它不花费什么，但创造了很多成果。"

"它丰盛了那些接受的人，而又不会使那些给予的人贫瘠。"

"它产生在一刹那之间，但有时给人一种永远的记忆。"

"没有人富得不需要它，也没有人穷得会缺少它。"

"它在家中创造了快乐，在商业界建立了好感，而且是朋友间的通行证。"

"它是疲倦者的休息，沮丧者的白天，悲伤者的阳光，又是大自然的最佳良药。"

"但它却无处可买，无处可求，无处可借，无处可偷，因为在你把它给予别人之前，没有什么实用的价值……"微笑是不苦的良药。

有位神经系统疾病专家告诉别人，他发明了一种治疗忧郁症的新方法。他劝告他的病人，在任何情况下（当然葬礼除外），都要笑！强迫自己，无论心中喜欢不喜欢，都要微笑。他就用这种方法治愈了他的病人。

一位海外商界的成功者说，据他的体会，一个人在世界上之所以能做成一点事，有一点成就，就这么一点点奥秘，我给别人一个什么表情，别人就回报我一个什么表情，我给一个怨恨，就得到一个怨恨，我给一个善良的微笑，就得到一个善良的微笑，当你给了千百人一个微笑的时候，千百人回报你的也是千百个微笑，这样，你的人生就成功了。

这世界就像一面镜子，当你向它微笑之时，它必以笑颜回报。

古德有言：心诚色温，气和词婉，必能动人。

千年古训：和气生财。

甚至，连江山都可以"笑"出来。

有一句评价《三国》的话，说得十分精彩：

"刘备的江山是哭出来的，曹操的江山是笑出来的。"

的确，刘备光史载经传的"大哭"，就有数十次之多。他一大哭，关、张、赵、马、黄五虎上将就会去拼命，他一大哭，智慧如诸葛亮者也要鞠躬尽瘁，死而后已。

曹操不同，爱"笑"。特别是在困难重重，走投无路的时候往往"仰面大笑"。仅看《三国演义》第五十回"诸葛亮智算华容，关云长义释曹操"，曹操在赤壁大战中被杀得丢盔卸甲，狼狈不堪，在逃命的紧要关头，就大笑了数回。

曹操每次大笑，都是笑对手智谋不高。这充分反映了他永不服输的大无畏性格和积极的心态。这种大笑的背后，让人感到了强大的人格力量——永不言败，卷土重来！

2. 要欣赏赞美别人

动物有求生的本能，人有成功的渴求。而成功的表现之一，就是得到重视和赞美。这是人与生俱来的欲望。林肯曾说：

"人人爱听恭维的话。"

这种渴求得到赞美的欲望，就像人饥而求食、寒而奢衣一样，是一种本能的需要，而且地位越高，对赞美的渴求越强烈。这种欲望是不可满足的，无止境的。

现实生活不乏利用某些领导人的这种"本能的需求"而升官发财的例子。

欣赏赞美别人，就是肯定别人；鼓励别人，就是提高对方的自我价值，使他增强信心和勇气。这是人际关系的一件利器，是人际关系不可缺少的催化剂。

要使赞美产生良好的效果，有三个要点：

第一，赞美要立即表达。

第二，赞美要明确。

第三，赞美要公开。

一位成功的推销大师把他一生的成功经验总结为：微笑、赞美、关怀。

"你可以拒绝我的推销，但你不能拒绝我的关心、赞美和微笑"。这是走遍天下成功的销售秘诀。

3. 要感恩并感激别人

不要为失去而烦恼，要为得到而感激。懂得感激的人才懂得珍惜，才懂得拥有。

我们要感激自己所拥有的一切：环境、家庭、同事、朋友……因为有了他们，我们的生活才充实和有意义。

感恩的一个重要方法，就是多说："谢谢。"

常怀感激之心，必能锁定积极的心态，严于律己，宽以待人。

4. 利益原则

在人际关系中，无论对方在意与否，计较与否，首先都要主动、周到地考虑对方的利益和需要。"双赢"才能长胜。

5. 充满热忱

充满热忱和活力，别人就会被你吸引，因为人们总是喜欢跟积极乐观者在一起。运用别人的这种积极响应来发展积极的关系，同时帮助别人获得这种积极的态度。

没有热忱，不论你有什么能力，都发挥不出来。要想获得世界

第八章 善于沟通的卓越个性

237

上的最大奖赏，你必须拥有过去最伟大的开拓者将梦想转化为现实的献身热情，来发挥自己的才能。

热忱是一种伟大的力量，它可以补充你的精力并发展出一种坚强的个性；它能给你以信心和动力，带领你迈向成功。

有人用服食兴奋剂维持精力，必定无济于事；又有人一天睡到晚仍然打不起精神。只有热忱才能使人精神饱满、精力过人。

热忱来自于远大的目标和对工作的乐趣。

培养热忱最好的方法就是，心存"热忱"之念，用行动表现热忱——凡事不做则已，做必全力以赴，以最大的热忱来完成！

欧布莱恩神父说过："没有热忱，不可能赢得任何一场竞争。"

拿破仑·希尔说："如果你有热忱，几乎就所向无敌了。"

6. 诚信

待人以诚，才能人待以诚，才能得到理解、信任、尊重和帮助。真正的诚信不需要表白，谁都能凭"直觉"马上感知到。

因此，《礼记》上说"不诚无物"，没有诚意，便没有一切。

古谚又说"诚为上策"，诚信不只是上策，更是唯一的策略。

相信六种良好的沟通关系定能对你的事业有所帮助。

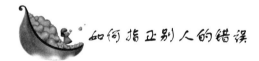

如何指正别人的错误

指出别人的错误，是对别人的否定，而否定又有轻重之别。鉴于此，针对犯错误的人要区别对待，采用适用的方法分别指出。

如果你是个公司的老板，当员工在工作中出现了失误，你在指正他（她）的错误时，要讲究方法，因人而异。有的职员因为本身的原因，常常缺乏干劲，工作没有主动性。对于他们要调动主动性，你指责他一通，也无济于事，主动性必须从其内心激发出来。对待他们指责只能是隐晦的，在表面上要进行激励。

238

如果他喜欢养花,可以将他的工作和花儿进行联系,就能引起职员的积极性,使他认真、热情地去工作。

不仅如此,这种激励的方法还能使职员产生一种责任感,而责任感恰恰是做好工作的前提。

如此一来,职员必须心服口服,愉快地接受你的指责,因为他的努力得到了承认,他的积极性得到了肯定。

人们在受到责备时,都会感到不痛快,就看方法是否得当。

但是林子大了什么鸟都有,有一种特殊的人,任你怎么批评,怎么指责,他只听之任之,我行我素,依然如故。

有位女经理,精明强干,手下的一班干将也都十分出色。但前不久,一名助手因为迁居别处而调走了,接任的是一位刚刚毕业的大学生。

这位新来的女大学生,人长得很漂亮,又很会打扮,业务能力也很强。但做起来马马虎虎,常常将印过的资料不加整理便交出去,办公桌上也乱七八糟。

女经理一开始还忍着,认为慢慢会好的,但很长一段时间过去了,她却总是老样子。而且,这个女孩对于任何批评、责备都只当耳边风,让人急不得气不得恨不得恼不得。

后来,那位女经理决定改变责备方式,只要一发现她的优点就称赞她。

一天,这个女孩穿了一身碎花白裙,梳了时下较流行的发式来上班,女经理一看,机会来了,便称赞着说:"这身衣服真不错,再配上这个发式很漂亮,要是你以后的工作,也像你穿衣一样漂亮就好了!"女孩脸一红,马上知道了经理话中有话。

没想到,这个办法真灵验了,仅仅十几天,那女孩就好了很多。

一个月后,她做出了非常显著的工作成绩。可见,责备有时可以从另一个角度进攻,利用称赞来使他们改掉毛病,进而增加你所领导的整体的工作效率。不当众责备职员当然是最好了。

可是,有些领导比较容易冲动,特别是看到职员犯了比较严重

239

第八章 善于沟通的卓越个性

的错误，严重影响全体的时候，就可能按捺不住冲天火气，当众责骂起职员来。

　　这时，就好像是"丢了羊"一样。为了防止继续"丢羊"，就必须立即采取"补牢"的措施，使你一时冲动而产生的副作用减到最小，最好的方法是使指责变成一种赞美。